Leopold Mathelitsch Gerhard Friedrich

DIE STIMME

Instrument für Sprache, Gesang und Gefühl

öbv & hpt
www.lisa.or.at

Univ. Prof. Dr. Leopold Mathelitsch
geb. 1950, studierte Mathematik und Physik in Graz. Zunächst Lehramtsausbildung, danach wissenschaftliche Tätigkeit am Institut für Theoretische Physik in Graz, wo er heute als außerordentlicher Professor lehrt.
Institut für Theoretische Physik, Univ. Graz
Universitätsplatz 5, 8010 Graz
E-Mail: **leopold.mathelitsch@kfunigraz.ac.at**

Univ. Prof. Dr. Gerhard Friedrich
geb. 1953, studierte Medizin in Graz. Er ist Facharzt für Hals-, Nasen- und Ohrenkrankheiten, Stimm- und Sprachstörungen und Leiter der Abteilung Phoniatrie (Stimm- und Sprachheilkunde) und der logopädischen Akademie an der Hals-, Nasen- und Ohren-Universitätsklinik in Graz.
Hals-, Nasen-, Ohren-Universitätsklinik, LKH Graz,
Auenbruggerplatz 20, 8036 Graz
E-Mail: **gerhard.friedrich@kfunigraz.ac.at**

Informationen über unser Physikprogramm finden Sie unter: **www.oebvhpt.at/physik/**
Anregungen und Vorschläge senden Sie bitte an: **physik@oebvhpt.at**

Bildquellen: Die Autoren danken folgenden Verlagen für die freundliche Genehmigung des Abdrucks von Bildmaterial: C. Brandstätter (Wien), S. Karger (Basel), Mosby Yearbook (St. Louis), Orac (Wien), Raven Press (New York), E. Reinhardt (München), Spektrum der Wissenschaft (Heidelberg), G. Thieme (Stuttgart).

1 Lüderitz; 2,3,5 Gould, Sataloff, Spiegel (1993); 4 Allhoff (1987); 6 Majer u. Skopec (1985); 8, 9, 13a, 19 nach Spornitz (1993); 12, 13b Boenninghaus (1993); 15 Smith (1954); 20, 54 nach Sundberg (1988); 21 nach Mathelitsch (1987); 27, 38 Egger, Freidl, Friedrich (1992); 29 Foto Krötennatter: Die Tiere unserer Welt, Reptilien und Amphibien Seite 138 (Bertelsmann 1988); 30 Crelin (1989); 31 Foto Riedfrosch: Die Tiere unserer Welt, Reptilien und Amphibien Seite 67 (Bertelsmann 1988); 32 Foto Siamang: Die Tiere unserer Welt, Primaten; Seite 110 (Bertelsmann 1987); 33, 44 Habermann (1986); 34 Ara: Jan Hanzak, Das große Bilderlexikon der Vögel, Seite 347 (Artia Prag 1965); 41 nach Kersta (1962); 43 nach Isshiki (1989); 45 Bunch (1982); 46 Denecke (1980); 50, 51 nach Troup (1981); 53 nach Schutte (1985); 57 Lanz u. Wachsmuth (1955); 58 nach Klingholz (1993); 59 nach Klingholz (1992); 60 Moser (1969); 61 nach Shadle (1983); 62 Aus: „Klipp & klar“ 10/97, Seite 83;Seite 106 „Bild der Wissenschaft“ 5/1987, Seite 42/43 Zeichnungen von H. Thomas;

Umschlaggestaltung: Ing. Martin Stumpauer, öbv & hpt

1. Auflage 2000 (1,00)
öbv & hpt VerlagsgmbH & Co. KG, Wien 2000

Druck: Druckerei MANZ, Wien
ISBN 3-209-**03158**-4

INHALTSVERZEICHNIS

1 Einleitung 5
Die Stimme – das persönlichste Ausdrucksmittel des Menschen 5
Stimmforscher in der Antike 6
Forschungen in Mittelalter und Neuzeit 7
Moderne Elektronik 9
Was will dieses Buch? 10

2 Die Stimme 11
Die Stimme – ein Instrument 11
Atmung – Motor der Stimme 13
Kehlkopf und Stimmlippen – der Klanggenerator 16
Der Vokaltrakt – der Resonanzraum 23
Stimmkontrolle – das Gehirn als Koordinator 29
Zusammenfassung 31

3 Die Entwicklung der Stimme 33
Die Kinderstimme 33
Der Stimmwechsel 38
Die Stimme im mittleren Alter 42
Die Altersstimme 42

4 Tierstimmen und Evolution der menschlichen Stimme 44
Akustische Signale 44
Warum können Affen nicht sprechen 45
Wann lernte der Mensch sprechen? 48
Warum können Papageien sprechen? 49

5 Die kranke Stimme 53
Medizinische Grundlagen 53
Akustische Ursachen 58
Stimmhygiene 61
Diagnose und Therapie häufiger Stimmerkrankungen 65

6 Die Singstimme .71
Stimmgattungen .71
Register .74
Atmung und Atemstütze .75
Die ausgebildete Stimme .77
Der Singformant .79
Formantverschiebung .81
Das Vibrato .83
Was ist eine „schöne“ Stimme .85

7 Besondere stimmliche Erscheinungsformen .87
Die Flüsterstimme .87
Das Bauchreden .88
Das Obertonsingen .89
Jodeln .91
Der Kastratengesang .92
Pfeifen .93
Silbo Gomera .95

8 Physikalischer Anhang .96

9 Glossar .106

10 Literatur .109

11 Sachverzeichnis .111

1 EINLEITUNG

Die Stimme ist der Spiegel der Seele
Griechenland, um 300 v. Chr.

Die Stimme ist, insbesondere als Träger der Sprache, eine spezifisch menschliche Erscheinung. Auch wenn die Schallerzeugung ein im Tierreich weit verbreitetes Mittel zur Kommunikation darstellt und die höheren Säugetiere einen dem Menschen in groben Zügen ähnlichen Aufbau des Stimmapparates besitzen, so zeigt die menschliche Stimme eine unerreichte Variabilität, die die Ausbildung unserer Sprache erst ermöglichte. Die Stimme ist eine organische Funktion, die tiefer als die Sprache, die kulturell erworben ist, mit der Gesamtpersönlichkeit des Menschen verbunden ist.

Die Ausformung des menschlichen Sprechapparates in seiner heutigen Gestalt und Funktion erfolgte entwicklungsgeschichtlich gleichzeitig mit dem Übergang zum Homo sapiens. Es gibt begründete Meinungen, dass diese Gleichzeitigkeit, die auch mit einer rapiden Vergrößerung des Gehirnvolumens verbunden war, kein Zufall ist. Weniger klar ist, was Ursache und was Wirkung war:

- Hat die Entwicklung der Stimme durch die Möglichkeit der intensiveren, verfeinerten Kommunikation und so der verbalen Übermittlung von Informationen aller Art den Anstoß zu einer Weiterentwicklung des Gehirns gegeben?
- Oder bedurfte es erst eines größeren, leistungsfähigeren Gehirns, um den Sprechapparat derart gezielt und fein steuern zu können, sodass die Laute einer Sprache in ihrer großen Vielfalt erzeugt werden konnten?

Sehr wahrscheinlich verlief diese Entwicklung parallel und beeinflusste sich wechselseitig. Auf alle Fälle ist es unbestritten, dass die Ausformung der Stimme und in weiterer Folge der Sprache ein bedeutender Meilenstein unserer Menschwerdung war. Für den französischen Philosophen *René Descartes* war die Seele die Basis der menschlichen Sprache, und nur der Mensch besitzt beides.

Die Stimme – das persönlichste Ausdrucksmittel des Menschen

Die Wichtigkeit der Stimme für den einzelnen Menschen im Zusammenleben in einer Gemeinschaft kann wohl nur von dem völlig erkannt werden, dem die Stimme, zumindest für einige Zeit, versagt. Mit der Stimme wird über die Sprache nicht nur Information vermittelt – dies könnte auch schriftlich erfolgen –, mit der Stimme werden auch Gefühle weitergegeben. Die Psychotherapeutin *R. Perner* drückt dies bezüglich der Liebe folgendermaßen aus:

> Wenn ich über Liebe schreibe, dann komme ich an die Grenzen der Sprache. Wenn ich aber über Liebe spreche, können die Zuhörer an meiner Stimme erkennen, ob ich liebe oder nicht.

Es kommt nicht von ungefähr, dass die Gefühlslage eines Menschen als „Stimm"ung bezeichnet wird. Die Stimme ist das persönlichste Ausdrucksmittel eines Menschen! Dies wurde bereits in der Antike erkannt; das Wort „Person" spiegelt dies wider: Schauspieler trugen eine Maske, durch die sie hindurchsprachen (personare) und dadurch jemanden in seiner Eigenart darstellten. In der modernen Kommunikationsforschung wurde festgestellt, dass bis zu 90 % der Information durch Körpersprache und Stimmklang übermittelt werden.
Abgesehen von der kommunikativen, gefühlsmäßigen und sozialen Komponente der Stimme ist ihre Bedeutung natürlich noch viel wichtiger für diejenigen, für die die Stimme Teil ihres Berufs ist: z. B. Priester, Lehrer, Politiker, Schauspieler oder Anwender der Stimme in ihrer kunstvollsten Form, nämlich Sänger. Es ist deshalb nicht verwunderlich, dass es seit Jahrtausenden spezielle Ausbildungsstätten gab, in denen die jeweils benötigten Fähigkeiten der Stimme geschult wurden.

Stimmforscher in der Antike

Ausgehend von der Lehre des griechischen Philosophen *Empedokles* (um 490 – 430 v. Chr.) wurden bestimmte Stimmtätigkeiten, wie Schreien, Rufen, freies Sprechen, Vorlesen, zur allgemeinen Gesundheitspflege gezählt. In den Rednerschulen des römischen Staatsmannes und berühmten Rhetorikers *Cicero* (106 – 43 v. Chr.) wurde nicht nur der Inhalt von Reden diskutiert, auch die Übung von Ausdruck und Stimmgebung besaß einen hohen Stellenwert:

> Wir müssen auch die Zunge, den Atem und sogar den Klang der Stimme regulieren... Sie bieten sich dem Redner, wie dem Maler seine Farben, zur Abwechslung an.
> Cicero, De Oratore

Seit der Gesang als künstlerische, kulturelle Form gepflegt wurde, gab es auch Singschulen und Gesangspädagogen.
In allen diesen Schulen bestand das übermittelte Wissen zum Großteil aus oft erst vom Lehrer selbst erworbenen Erfahrungen. Ein fundierter Hintergrund des Stimmmechanismus in seinem Aufbau und seiner Funktion konnte nicht gegeben werden, weil er nicht bekannt oder nicht verstanden war.
Historisch gesehen findet man zwar bereits in den Werken von *Hippokrates* (460 – 377 v. Chr.), dass der Kehlkopf ein wichtiger Bestandteil der Stimmgebung ist, wobei als weitere Komponenten die Lunge, Luftröhre, aber auch Zunge und Lippen genannt werden. *Aristoteles* (384 – 322 v. Chr.) beschrieb eine Beziehung zwischen der Größe des Stimmapparates und der erzeugten Tonhöhe.
Der Begründer der Stimmkunde war aber der griechisch-römische Arzt *Claudius Galen* (129 – 199 n. Chr.) (Abb. 1). Er führte ausführliche anatomische, physiologische und auch neurologische Studien am Kehlkopf und am gesamten Sprechapparat durch, zum Großteil an Schweinen, „weil sie die lauteste Stimme haben".

Abb. 1 Der griechisch-römische Arzt Claudius Galenus

Forschungen in Mittelalter und Neuzeit

Diese Kenntnisse wurden im Mittelalter fast ausschließlich durch die arabische Medizin weitergegeben. Im frühen Christentum war wohl der *heilige Blasius*, der 316 den Märtyrertod starb, berühmt für seine Stimmheilkunde (er ist auch bis heute der Schutzheilige dafür), im späteren christlichen Mittelalter stagnierte aber die gesamte Heilkunde, zum Teil trat sogar ein Rückschritt ein. Die im Jahre 1499 von *Johan Peyligk* in Leipzig veröffentlichte Zeichnung zeigt, dass der Vokaltrakt dem Herzen entspringt (Abb. 2).

Um dieselbe Zeit erfolgte aber auch der geistige Aufschwung durch die Ideen der Renaissance. Der italienische Universalgelehrte und Künstler *Leonardo da Vinci* (1452–1519) fertigte um 1500 Zeichnungen des Kehlkopfes an, die bereits äußerst naturgetreu waren (Abb. 3). Neben den anatomischen Studien von Kehlkopf, Zunge und Lippen interessierte Leonardo auch der funktionelle Zusammenhang: So produzierte er Töne mit der Kehle einer Gans, indem er deren Lunge zusammendrückte.

Die weitere Entwicklung erfolgte hauptsächlich an den italienischen Universitäten, besonders durch die Anatomen *Andreas Vesalius* (1514– 1565), *Bartolomeus*

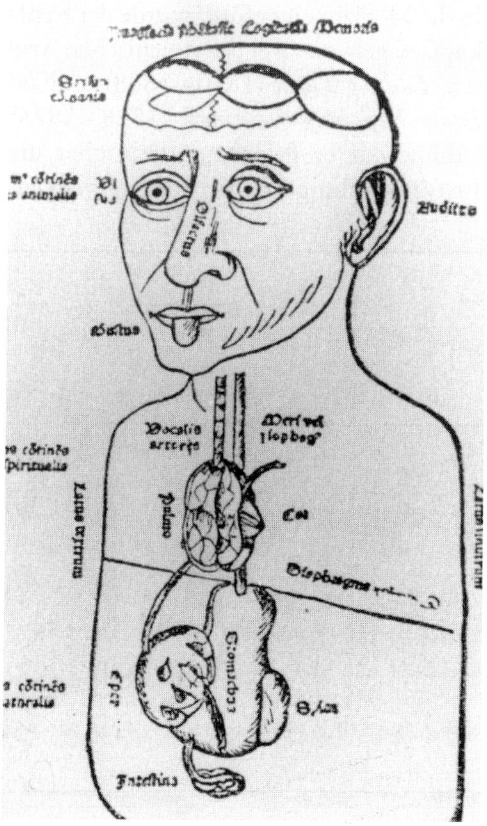

Abb. 2 Darstellung des Stimmorgans im „Compendium Philosophiae Naturalis" von J. Peyligk.

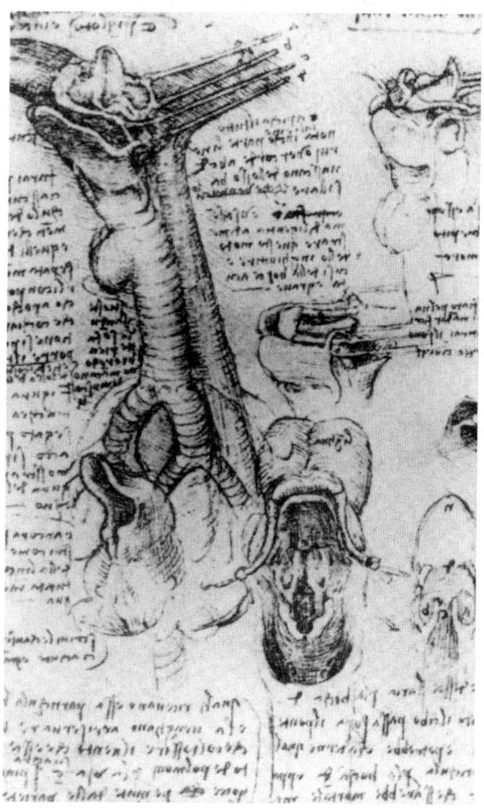

Abb. 3 Beschreibung und Illustration von Teilen des Stimmorgans in Leonardo da Vincis „De Corpore Humanis".

Eustachius (1520 – 1574) und *Giovanni Battista Morgagni* (1682 – 1771).

Seiner Zeit um einiges voraus war der Wiener Hofrat *Johann Wolfgang von Kempelen* (1734 – 1804), der in seinem Buch *Mechanismus der menschlichen Sprache* seine Erfahrungen über die Bildung der Stimme und Sprache publizierte. Er konstruierte eine Sprechmaschine (Abb. 4), die auf mechanischem Wege Vokale und Konsonanten erzeugen und diese auch zu Silben und Sätzen zusammensetzen konnte. Goethes Meinung nach Anhörung der Sprechmaschine war, dass „sie einige Worte sehr gut sagen kann, jedoch nicht geschwätzig ist".

Einen weiteren Meilenstein in der Geschichte der Stimmkunde setzte *Emanuel di García* (1805 – 1906)(Abb.5).

Garcías Vater war ein berühmter Sänger, der auch seinen Sohn ausbildete. Bereits in sehr jungen Jahren sang dieser in New York Opern von Mozart und Rossini. Die große Anstrengung vieler Aufführungen zerstörte aber die Stimme von Emanuel di García, und er musste zwanzigjährig seine Laufbahn beenden.

Um anderen Sängern vielleicht dasselbe Schicksal zu ersparen, widmete er sein weiteres Leben der Stimmlehre, und mit 30 Jahren war er bereits Professor für Stimmheilkunde am Konservatorium in Paris. Eine bahnbrechende Entdeckung gelang ihm, als er mittels eines kleinen Spiegels Sonnenlicht in seine Kehle lenkte und dadurch seinen Kehlkopf über einen zweiten Spiegel beobachten konnte: der Kehlkopfspiegel (Laryngoskop) war erfunden. García wurde dafür 1862 in Königsberg der Titel eines Dr. med. honoris causa verliehen.

In die Medizin eingeführt wurde der Kehlkopfspiegel von zwei österreichischen Ärzten, *Ludwig Türck* (1810 – 1868) und *Johann Nepomuk Czermak* (1828 – 1873) (Abb. 6). Der Prioritätenstreit über die Erstverwendung erregte danach weltweit

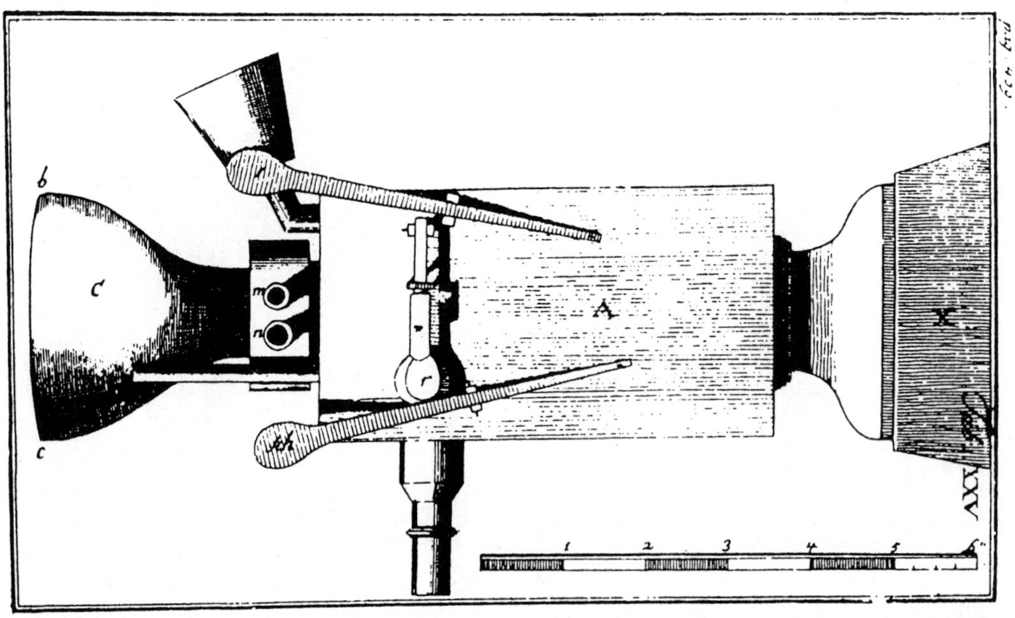

Abb. 4 Teil einer von J. W. Kempelen konstruierten Sprechmaschine.

Abb. 5 Der spanische Gesangslehrer Emanuel García.

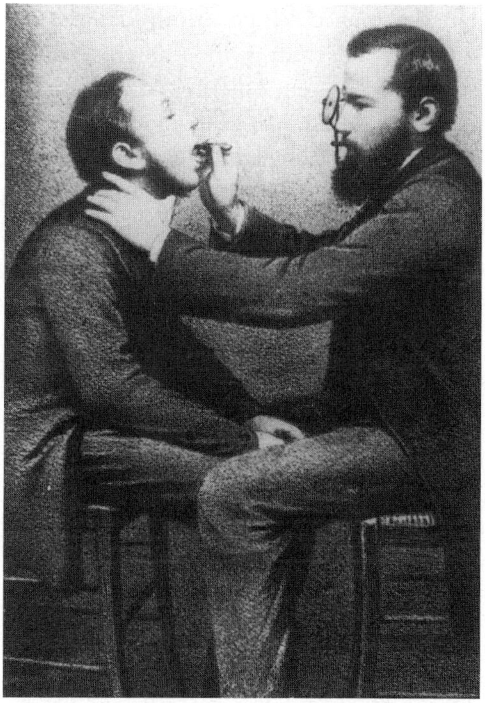

Abb. 6 Kehlkopfuntersuchung durch J. N. Cermak.

Aufsehen und wurde auch als „Türckenkrieg“ bezeichnet. Der Kehlkopfspiegel wurde in den folgenden Jahren zum wichtigsten Instrument der Stimmheilkunde, und er wird noch heute weltweit verwendet.

Moderne Elektronik

Ein letzter entscheidender Schritt in unserem Verständnis über die Bildung von stimmlichen Lauten, ob gesprochen oder gesungen, gelang durch die Entwicklung der modernen Elektronik. Erst dadurch konnten die komplizierten, schnellen Muskelbewegungen des Vokalapparates, im Besonderen aber die Charakteristika des ausgesandten Schalls, aufgezeichnet und analysiert werden.

Doch trotz der Untersuchung der Stimme und des Stimmapparates mit hochempfindlichen elektronischen Geräten und unter Einsatz modernster Computer ist es bis heute nicht gelungen, die Funktionsabläufe bei der Stimmgebung und beim Sprechen vollständig aufzuklären. Der Stimmapparat ist das komplizierteste motorische System im gesamten Körper, und die Stimm- und Sprechbewegungen stellen die komplexesten Bewegungsmuster dar, zu denen der Mensch fähig ist. Diese müssen nicht nur mit außerordentlicher Präzision, sondern auch ungeheuer schnell – im Bereich von Tausendstel von Sekunden – gesteuert, koordiniert und ausgeführt werden. Man schätzt, dass während des fortlaufenden Sprechens in jeder Sekunde allein für die richtige Bewegungsausführung der Stimm- und Sprechorgane 150.000 Einzelentscheidungen vom Gehirn getroffen werden müssen!

Aus diesem Grund ist die Forschung auch noch nicht imstande, die unendliche Vielfalt des menschlichen Stimmklanges, die wir mit unserem Ohr mühelos unterscheiden können, objektiv zu analysieren und zu erklären. Mit Hilfe moderner computerisierter Schallanalysesysteme ist es zwar möglich, gesunde von kranken Stimmen zu unterscheiden und neue Erkenntnisse im Bereich von Stimmkrankheiten zu gewinnen, die Unterschiede einer ärgerlichen, einer ungeduldigen, einer liebevollen, einer verführerischen Stimme oder die unterschiedlichen künstlerischen Ausdrucksformen der Stimme bleiben derzeit aber noch einzig und allein der Beurteilung mit dem menschlichen Ohr überlassen.

Was will dieses Buch?

Dieses Buches soll einen allgemein verständlichen Überblick darüber geben, wie man heute die Funktionsweise unserer Stimmgebung versteht. Obwohl die Erklärungen natürlich auf (bio)physikalischen, medizinisch-anatomischen und physiologischen Grundlagen beruhen, wurde versucht, ohne physikalischen Formelapparat und ohne medizinischer Terminologie auszukommen. Um ein flüssiges Lesen zu erleichtern, sind die wenigen dennoch benötigten Fachausdrücke und Definitionen getrennt in einem physikalischen Anhang und in einem Glossar zusammengefasst und erklärt.

Im Hauptteil (Kap. 2) werden die Elemente der Stimmbildung, nämlich Atmung, Kehlkopf, Mundraum und Steuerungsmechanismus, genauer vorgestellt. Auf dieser Grundlage werden weitere Themen diskutiert, z. B., was beim Stimmbruch oder bei Alterung der Stimme vor sich geht. Ein wichtiger Punkt betrifft die Fehlleistungen des menschlichen Stimmapparates, die kranke Stimme bzw. die Vorsorge, damit es durch Stimmhygiene gar nicht zu diesen Fehlleistungen kommen kann. In einem Seitenblick wird ein Vergleich der menschlichen mit tierischen Stimmen angestellt und unter anderem der Frage nachgegangen, warum Affen nicht, Papageien sehr wohl sprechen können. In diesem Zusammenhang ist es auch interessant, wann der Mensch sprechen lernte.

Außerdem wird untersucht, welche Unterschiede sich beim Singen eines Tons im Vergleich zum Sprechen eines Vokals ergeben. Dies führt uns zu der Frage, ob es messbare Unterschiede gibt, etwa zwischen den Stimmen weltberühmter Sänger und von Personen, die nur im Badezimmer singen. Wird einem eine schöne Stimme in die Wiege gelegt, oder ist sie mehr das Resultat einer harten Ausbildung? Zum Schluss werden Besonderheiten der menschlichen Stimme gestreift: Spricht der Bauchredner wirklich mit dem Bauch? Was ist das Besondere an der Stimme von Kastraten, sodass sie über Jahrhunderte die Stars der damaligen Opernwelt waren?

Obwohl einige der angeschnittenen Fragen wissenschaftlich noch nicht entgültig beantwortet sind, soll der Überblick über den derzeitigen Stand der Erklärungen einiges zum Verständnis dessen beitragen, was von vielen als das persönlichste Ausdruckmittel des Menschen gesehen wird. Wir wollen zeigen, wie dieses wunderbare Instrument „Stimme“ funktioniert, wobei noch einzigartig dazukommt, dass der Mensch zugleich Instrument, aber auch Spieler dieses Instrumentes ist.

2 DIE STIMME

SPRICH, DASS ICH DICH SEHE
Sokrates

Die Stimme – ein Instrument

DIE ORGEL wird als Königin der Instrumente bezeichnet, und tatsächlich kann man mit keinem anderen Musikinstrument vielfältigere Klänge erzeugen: Holzpfeifen ergeben Flötentöne, Metallpfeifen helle Trompetentöne, und die manchmal mehrere Meter großen Pfeifen können die tiefsten Töne eines Basses erzeugen. Außerdem können, wie bei einem Orchester, die verschiedenen Instrumente gleichzeitig zum Tönen gebracht werden. Vergleicht man diese Klangfülle mit den Möglichkeiten einer menschlichen Stimme, so scheint fürs erste die Stimme, wie jedes andere Instrument, der Orgel unterlegen zu sein. Die menschliche Stimme hat jedoch eine Eigenschaft, die sie über jedes Instrument hervorhebt: Sie kann Sprache vermitteln! Durch die menschliche Stimme und die Artikulation kann Information in sehr dichter Form und völlig variablen Inhalts übertragen werden. Auch ein Instrument kann Information übertragen (Töne, Tonfolgen, Melodien, Stimmungen), im Vergleich zur Stimme entspricht dies aber nur einem gesungenen „Lied ohne Worte".
Im Folgenden wollen wir erklären, wie der menschliche Stimmapparat aufgebaut sein muss, um dieser zweifachen Aufgabe zu genügen:

- Einerseits die Fähigkeit eines Musikinstruments zu besitzen, Töne bestimmter Höhe und Lautstärke erzeugen zu können.
- Andererseits Träger der menschlichen Sprache zu sein, d. h. Vokale, Silben, Worte in fast beliebiger Vielfalt generieren zu können.

Bleiben wir bei dem Vergleich mit der Orgel (Abb. 7), der einen Überblick über die notwendigen instrumentellen Bestandteile der menschlichen Stimme erleichtert. Wie bei der Orgel wird auch bei der Stimme zunächst ein Luftstrom in Bewegung gesetzt; bei der Orgel kann dies durch einen Blasebalg erfolgen, bei der Stimme sind die Lunge und die Brustmuskulatur dafür verantwortlich. Um Luft zu bewegen, muss man Energie aufwenden: Wie der Blasebalg zusammengepresst werden muss, wird auch aus der Lunge durch Verengung des Brustkorbs Luft zum Ausströmen gebracht. Die Art und Weise, wie dieser Luftstrom an das schwingungsfähige System herangeführt wird, ist ein entscheidendes Kriterium für die Qualität des erzeugten Klangs. Nur ein in der Stärke und Strömung exakt abgestimmter und möglichst konstant fließender Luftstrom bewirkt eine gleichmäßige und damit stabile Tonbildung. Die Atmung ist daher der Motor und die Grundlage der Stimmproduktion.

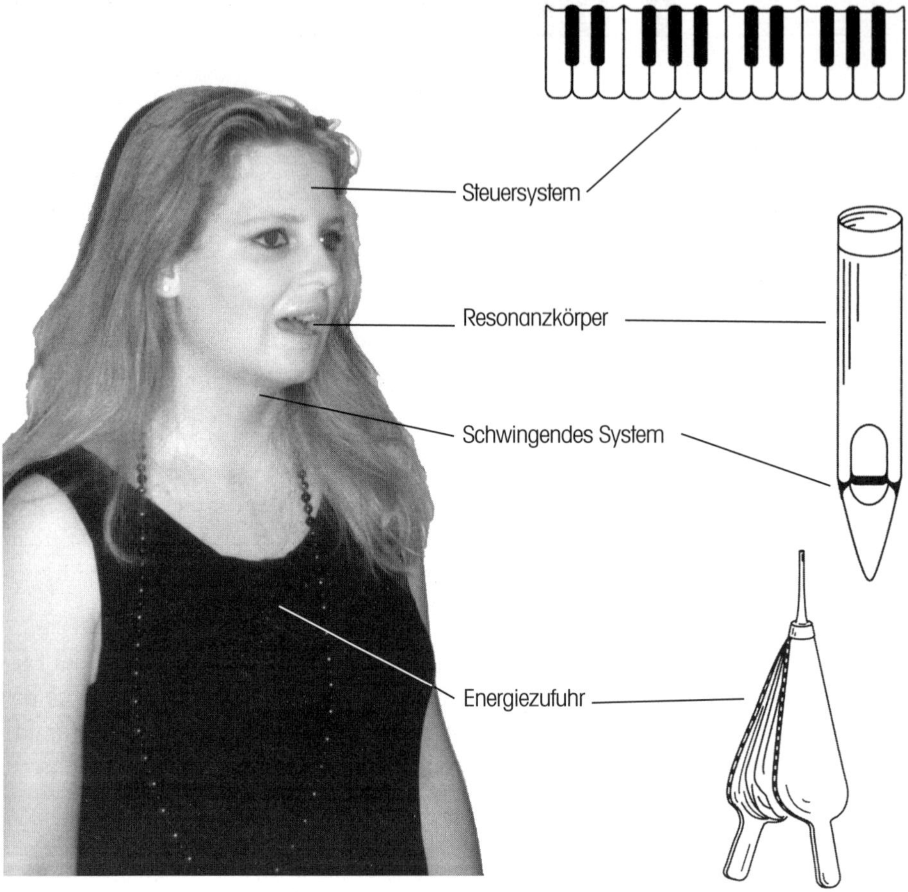

Abb. 7 Vergleich des menschlichen Stimmapparates mit der Tonerzeugung einer Orgel.

Um einen Ton zu erzeugen, bedarf es immer eines schwingungsfähigen Systems. Bei der Zungenpfeife einer Orgel wird ein Metallplättchen zum Schwingen angeregt, bei der Stimme werden die im Kehlkopf gelegenen Stimmlippen durch die in der Luftröhre nach oben strömende Luft zum Schwingen gebracht.

Sowohl bei der Orgelpfeife als auch bei der Stimme hat der dabei erzeugte Ton keine Ähnlichkeit mit dem gewohnten Musik- bzw. Stimmklang. Erst durch eine entsprechende Überformung in einem Resonanzkörper werden bestimmte Frequenzbereiche der ursprünglich erzeugten Schwingung verstärkt, andere abgeschwächt. Dieser Resonanzkörper bildet den größten Bestandteil einer Orgelpfeife, im Menschen ist es der Rachen- und Mundraum, zum Teil auch der Nasenraum. Dabei zeigt sich aber ein großer Unterschied zwischen Musikinstrumenten und der menschlichen Stimme. Während bei jenen der Resonanzraum in seiner Größe und Form im allgemeinen fixiert ist, kann insbesondere der Mundraum durch Mund-, Zungen- und Lippenbewegungen stark und rasch verformt werden. Wie wir im Folgenden genauer sehen werden, bildet diese Beweglichkeit des Mund- und Rachenraums eine der Grundlagen für unsere Sprachfähigkeit.

Das Zusammenspiel von schwingungserzeugendem und verstärkendem System muss allerdings genau abgestimmt sein, um einen Ton gewünschter Qualität und gedachten Inhalts zu erzielen. Ist bei der Orgel diese Steuerung durch Drücken einer Taste relativ einfach, so sind am Sprechen etwa 100 verschiedene Muskeln des Atemapparates, des Kehlkopfs und des Mund- bzw. Rachenraums beteiligt. Die Muskeln müssen in einer genau abgestimmten Zeitabfolge aktiviert werden; außerdem wird der muskuläre Spannungszustand ständig kontrolliert, mit den Sollwerten verglichen und bei Bedarf korrigiert. Diese Aktivitäten laufen über verschiedene Stellen des Zentralnervensystems, vor allem über das sogenannte Sprachzentrum, das im Großhirn lokalisiert ist.
Im Weiteren wollen wir die vier Grundpfeiler der menschlichen Stimme, nämlich Energiezufuhr, Tonerzeugung, Verstärkung und die Steuerung dieser drei Komponenten genauer betrachten.

Atmung – Motor der Stimme

DAS ZWERCHFELL IST DER
SITZ DER SEELE
Vorstellung in der Antike

Die Atmung liefert mit dem durch die Luftröhre nach oben fließenden Ausatemstrom die Grundlage für die Entstehung eines Klanges: eines gesprochenen Wortes, eines Schreies oder eines gesungenen Tones.

Lunge

Der Hauptzweck der Atmung ist allerdings die Zufuhr lebensnotwendigen Sauerstoffs aus der Luft bzw. der Abtransport des Abfallprodukts Kohlendioxid. Der Austausch von Sauerstoff gegen Kohlendioxid erfolgt in der Lunge, genauer an der Oberfläche der etwa 0,2 mm kleinen Lungenbläschen. Durch den schwammähnlichen Aufbau der Lunge aus Millionen Bläschen können insgesamt 70 m^2 (!) Oberfläche zum Gasaustausch genutzt werden können. Die Luftzufuhr zu den Bläschen erfolgt durch Bronchien, die sich, gleich den Ästen eines Baumes, zu immer dickeren Gefäßen zusammenschließen, um letztlich im Stamm, der *Luftröhre* (*Trachea*), zu münden (Abb. 8). Die Luftröhre hat beim erwachsenen Menschen einen Durchmesser von etwa 1,5 – 2 cm, ist 10 – 12 cm lang und besteht aus 15 – 20 hufeisenförmigen Knorpelspangen mit einer häutigen Rückwand und einem elastischen Bindegewebe zwischen den Knorpeln. Dieser Aufbau ermöglicht die Beuge- und besonders Drehbewegungen des Halses.

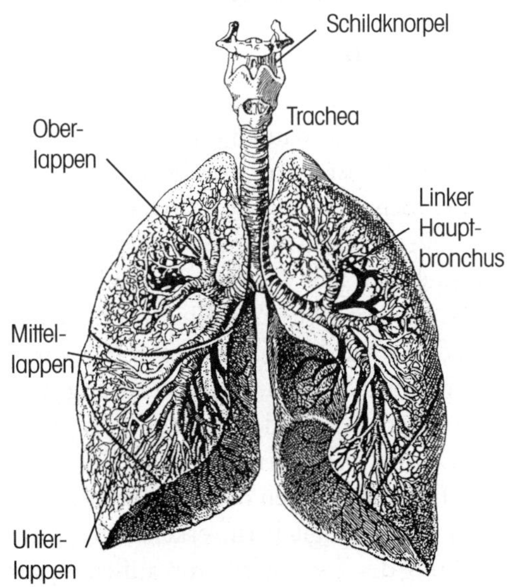

Abb. 8 Aufbau der Lunge.

Die beiden *Lungenflügel* können bei einem erwachsenen Menschen an die 6 l Luft aufnehmen. Allerdings wird dieses Luftvolumen nicht bei jedem Atemzug ein- und ausgeatmet: Beim ruhigen Atmen ist nur etwa ein halber Liter Luft in Bewegung. Bei maximaler Einatmung kann die Lunge aber 2,5 l Luft zusätzlich aufnehmen und bei möglichst tiefer Ausatmung 1,5 l zusätzlich abgeben. Etwas mehr als 1 l Luft verbleibt immer in der Lunge; dieser Restanteil wird jedoch laufend ausgetauscht.

Durch eine Gesangsausbildung wird nicht so sehr das Atemvolumen erhöht, sondern durch eine bessere Atemkontrolle und -führung das vorhandene Atemvolumen optimal ausgenützt.

Die Lunge kann allerdings nicht von sich aus, aktiv, Luft zum Ein- oder Ausströmen bringen, sondern nur den ihr zur Verfügung stehenden Brustraum ausfüllen. Eine Volumenänderung muss daher durch Vergrößerung bzw. Verkleinerung des Brustraumes erfolgen, wofür es zwei Grundmechanismen gibt.

Bauchatmung

Der Brustraum ist nach unten durch das Zwerchfell vom Bauchraum getrennt. Das Zwerchfell ist ein querliegender (das mittelhochdeutsche Wort „twerh" bedeutet quer), flächenförmig ausgeformter Muskel, der sich wie eine Kuppel in den Brustraum wölbt. Zur Einatmung zieht sich dieser Muskel zusammen und bewirkt somit eine Abflachung der Wölbung und eine Vergrößerung des Brustraumes (Abb. 9). Da die unter dem Zwerchfell gelegenen Teile ausweichen müssen und dies nur nach vorne möglich ist, erkennt man die Senkung des Zwerchfells von außen durch eine stärkere Wölbung der Bauchwand, daher auch der Name Bauchatmung.

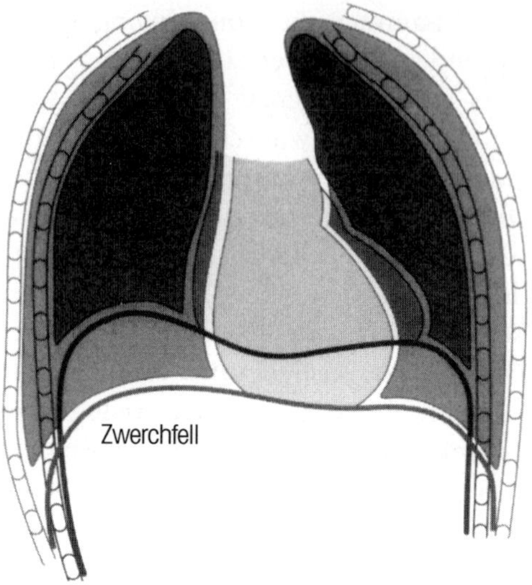

Abb. 9 Atmungsvorgang

Geschieht das Einatmen aktiv durch Kontraktion des Zwerchfells, so erfolgt das darauffolgende Ausatmen völlig passiv: Das Zwerchfell erschlafft und wird durch die vorher gedehnten und nun sich zusammenziehenden Bauchmuskeln wieder in die ursprüngliche Lage gehoben.

Brustatmung

In Abb. 9 sieht man, dass durch Anspannung des Zwerchfells auch der Brustkorb etwas nach außen gewölbt wird. Diese Hebung des Brustkorbs kann aber auch aktiv durch die *Zwischenrippenmuskulatur* erfolgen, wodurch eine Vergrößerung des Brustraumes hervorgerufen wird. Die Vergrößerung bewirkt eine Dehnung der Lungen und lässt die Luft durch die Luftröhre in die Bronchien einströmen (Einatmung). Die Ausatmung geht wiederum passiv vor sich, indem die Zwischenrippenmuskulatur erschlafft und der Brustkorb in die Ausgangsposition zurück sinkt.

Die physiologisch *richtige Atmung* ist eine *kombinierte Brust-, Bauchatmung*, da dabei der Brustraum gleichmäßig nach allen Seiten erweitert und mit geringstem Muskelaufwand das größte Luftvolumen gefördert wird.

Ruheatmung

Bei der sogenannten Ruheatmung (Atmung, bei der nicht gesprochen oder gesungen wird) ist die Einatmung ein aktiver muskulärer Vorgang, d. h. durch Zwerchfell und Zwischenrippenmuskulatur wird der Brustkorb aktiv erweitert und damit die Lunge gedehnt. Die Ausatmung ist dagegen ein passiver Vorgang, durch die Erschlaffung der Muskeln kann sich die Lunge wieder in ihren Ruhezustand zurückziehen. Die Ein- und Ausatemphase sind dadurch etwa gleich lang (Abb. 10 a). Im Durchschnitt macht ein Erwachsener etwa 16 Atemzüge pro Minute. Dieser Rhythmus ist mit der Zusammensetzung des Blutes gekoppelt: Übersteigt der Kohlendioxidgehalt des Blutes einen bestimmten Wert, gibt das Atemzentrum den Befehl zu einer weiteren Einatemphase.

Sprech- und Singatmung

Die Sprech- und besonders die Singatmung unterscheiden sich von der Ruheatmung dadurch, dass die Ausatemphase sehr stark gegenüber der Einatemphase verlängert ist (Abb. 10 b). Dies ist notwendig, da im Normalfall nur der Ausatemstrom zur Stimmerzeugung benutzt wird. Um eine vernünftige lautsprachliche Kommunikation zu ermöglichen, muss daher für das Sprechen ein ausreichend langer und konstanter Ausatemstrom zur Verfügung stehen. Das Atemmuster der Ruheatmung ist dafür nicht geeignet, da die Ausatemphase jeweils nur einige Sekunden dauert.

Diese Verlängerung der Ausatmungsphase geschieht durch drei Mechanismen:

- Es wird stärker eingeatmet.
- Die Ausatmung geschieht nicht passiv, sondern aktiv, d. h. die Einatmungsmuskeln führen den Brustraum aktiv und verlangsamt in die Ausgangslage zurück. Dieser Mechanismus spielt eine wichtige Rolle in der Stimm- und Gesangsausbildung und wird *Atemstütze* oder *Appoggio* genannt.

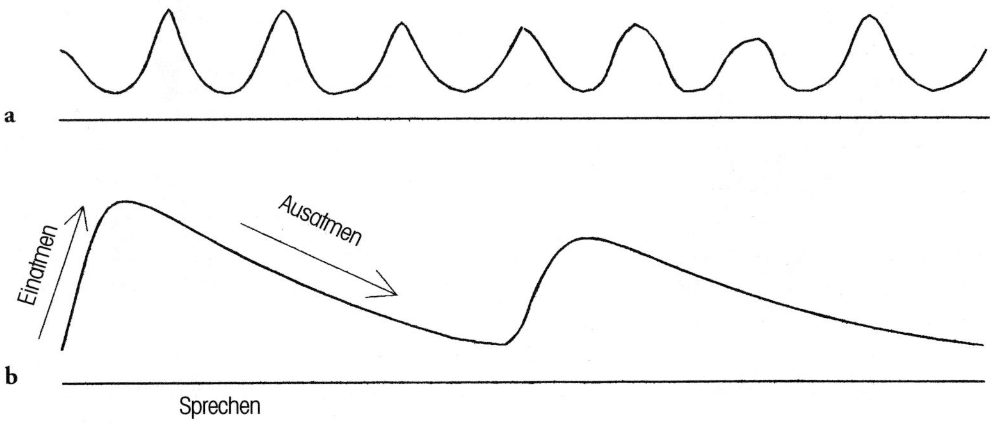

Abb. 10.a Ruheatmung, **b** Sprechatmung

- Es wird nicht nur bis zur Ruhelage der Lunge ausgeatmet, sondern der Brustraum wird noch weiter durch Ausatemmuskeln verengt.

Diese Techniken ermöglichen es, dass ungeübte Erwachsene einen Ton etwa 15 Sekunden, geübte Sänger aber bis zu einer Minute aushalten können. In beiden Fällen ist das Ende nicht dadurch bedingt, dass das Luftreservoir zu Ende geht, sondern wiederum, dass der (zu) hohe Kohlenstoffgehalt im Blut zur Einatmung zwingt.
Der Luftstrom wird bei ruhiger Atmung mit etwa 3 – 5 Meter pro Sekunde (m/s) von der Lunge durch die Luftröhre Richtung Mundraum bewegt. Dabei muss allerdings noch eine Engstelle, der Kehlkopf, passiert werden, der für die Tongebung (insbesondere die Tonhöhe) grundlegende Bedeutung hat.

Kehlkopf und Stimmlippen – der Klanggenerator

DES SÄNGERS GOLD LIEGT IN SEINER KEHLE

Auch der Kehlkopf ist primär nicht zur Klangerzeugung geschaffen, sondern zum Schutz der Lunge vor Fremdstoffen. Eine Schließvorrichtung verhindert das Eindringen von festen Speiseteilen und von Flüssigkeit. Ist dennoch ein Fremdkörper auf die Stimmlippen oder gar in die Luftröhre gelangt, so wird dieser durch einen effizienten Mechanismus wieder entfernt: Die Stimmlippen im Kehlkopf schließen sich, und durch Verengung des Brustkorbs (und damit der Lunge) wird ein Überdruck in der Luftröhre unterhalb des Kehlkopfs erzeugt. Dieser Überdruck „sprengt“ dann das verschlossene Tor der

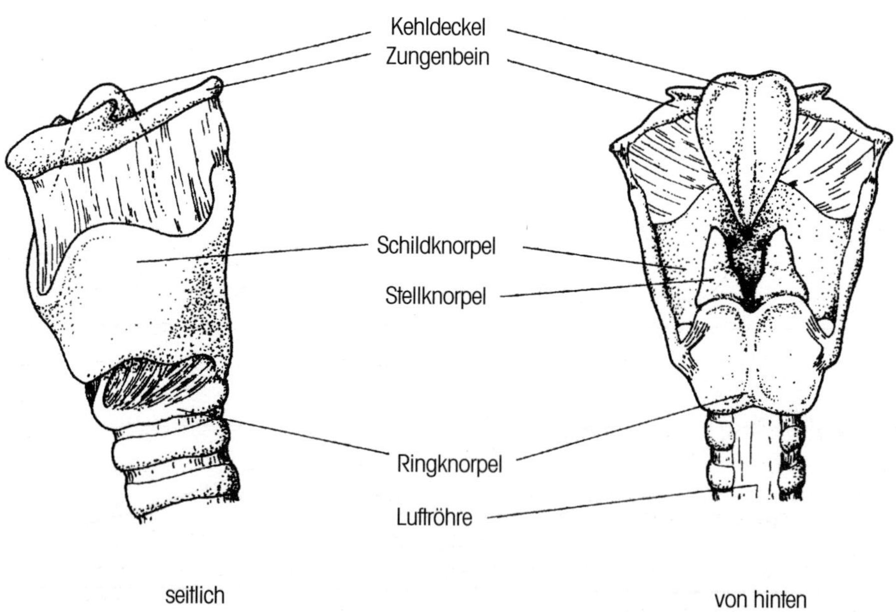

Abb. 11 Knorpelgerüst des Kehlkopfes

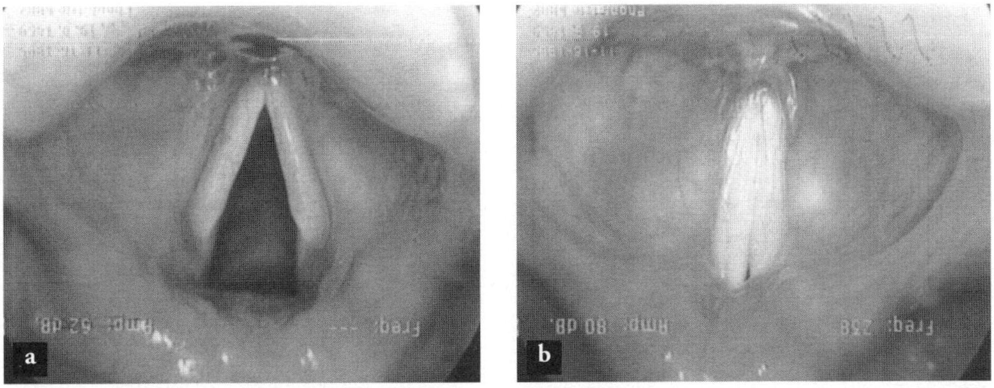

Abb. 12 Stellung der Stimmlippen: **a** bei der Atmung, **b** bei der Stimmgebung

Stimmlippen, und die Fremdstoffe werden mit einem Hustenstoß ausgeschleudert.

Sekundär, für uns aber von größerem Interesse, ist die Funktion des Kehlkopfes als Klangerzeuger. Um diesen Mechanismus zu verstehen, müssen wir zuerst die Bausteine, d. h. den anatomischen Aufbau des Kehlkopfes kennen lernen.

Der Kehlkopf baut sich aus einer Reihe von Knorpeln auf (Abb. 11), die von Bändern zusammengehalten werden und durch Muskeln bewegt werden können. Den Hauptbestandteil bildet der *Schildknorpel*. Dieser besteht aus zwei Platten, die sich vorne V-förmig vereinen. Der Winkel zwischen den Platten beträgt bei Kindern etwa 120°; in der Pubertät wird dieser Winkel nur bei Knaben geringer und erreicht beim erwachsenen Mann einen Endzustand von etwa 90°. Der vordere Teil des Schildknorpels kann auch von außen gesehen werden. Die Tatsache, dass dieser Teil beim Mann spitzer und damit ausgeprägter und auffälliger gebaut ist als bei Frauen, ist die Begründung für den Namen „*Adamsapfel*". Eine Einsenkung am oberen Rand des Schildknorpels (Abb. 11) kann man leicht ertasten.

Unterhalb des Schildknorpels liegt der *Ringknorpel*, der etwa die Form eines Siegelrings besitzt und sich aus dem obersten Knorpelring der Luftröhre entwickelt hat. Auf der Platte des Ringknorpels sitzen gelenkig verbunden die beiden *Stellknorpel*. Diese haben eine besonders wichtige Funktion bei der Tongebung, da an ihnen die Stimmlippen ansetzen. Die Bewegung der Stellknorpel steuert die Öffnung und Schließung sowie die Spannung der Stimmlippen.

Der Kehlkopf ist in einem Netz äußerer Muskeln eingespannt, die seine vertikale Bewegung erlauben. So kann man leicht ertasten, wie der Kehlkopf beim Schlucken um einige Zentimeter gehoben wird. Eine Kehlkopfhebung erfolgt auch beim Singen von hohen Tönen. Interessant ist, dass diese Kehlkopfhebung am ausgeprägtesten bei ungeübten Sängern erfolgt, im Laufe einer Stimmausbildung aber immer mehr abnimmt (s. Kap. 6).

Die inneren Muskeln des Kehlkopfes haben drei prinzipielle Funktionen: die Stimmlippen zu öffnen, zu schließen und zu spannen. Zum Öffnen genügt ein Muskelpaar (je ein Muskel für die linke und rechte Stimmlippe), das Schließen wird von drei Muskelpaaren bewirkt (Abb. 12 a zeigt die geöffneten Stimmlippen während der Atmung). Für die Stimmgebung müssen die Stimmlippen während der

Atmung geschlossen sein (Abb. 12 b). Die Schließmuskeln sind gemeinsam mit einigen anderen Muskeln auch für das Spannen der Stimmlippen verantwortlich. Ein weiterer wichtiger Mechanismus besteht darin, dass der Ringknorpel nach hinten gekippt werden kann. Durch dieses Kippen werden die Stellknorpel nach rückwärts bewegt, was eine Verlängerung und damit eine größere Spannung der an ihnen befestigten Stimmlippen bewirkt.
Die *Stimmlippen* (Abb. 13) sind an der Innenseite des Schildknorpels fest verankert, nach rückwärts werden sie immer breiter und enden an den beweglichen Stellknorpeln. Der Hauptteil der Stimmlippen besteht aus einem zopfartig verflochtenen Muskelgewebe, dessen innere Ränder in dehnbare Membranen münden. Diese Membranen sind die eigentlichen *Stimmbänder.* Häufig wird nicht ganz exakt die Bezeichnung Stimmbänder für die gesamten schwingenden Strukturen, also die Stimmlippen, verwendet.
Der Raum zwischen den Stimmlippen wird als *Stimmritze* oder *Glottis* bezeichnet. Oberhalb der Stimmlippen und annähernd parallel dazu befinden sich ähnliche faltenartige Vorwölbungen, die *Taschenfalten,* die manchmal auch falsche Stimmlippen genannt werden. Im Normalfall tragen die Taschenfalten nur wenig zur Stimmgestaltung bei, in Notfällen (z. B. durch operativen Verlust einer oder beider Stimmlippen) können die Taschenfalten die Funktion der Stimmlippen übernehmen. Die sogenannte „Taschenfaltenstimme" klingt allerdings sehr rau und gepresst.
Zwischen Taschenfalten und Stimmlippen liegen zwei Ausbuchtungen, die *Morgagni-Taschen* (nach dem Anatom *Giovanni Battista Morgagni*) oder *Kehlkopfventrikel* genannt werden und die bei aus-

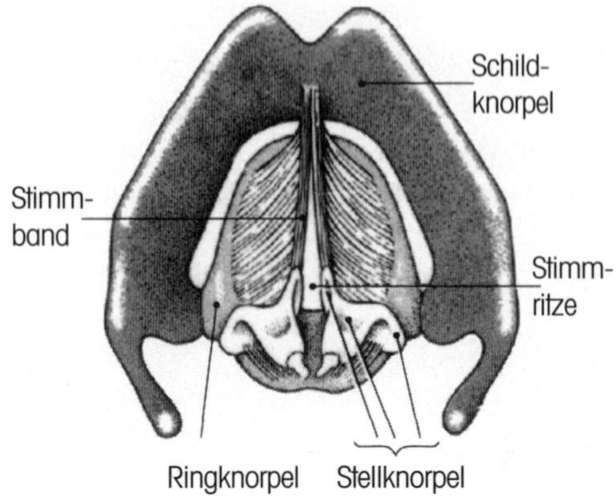

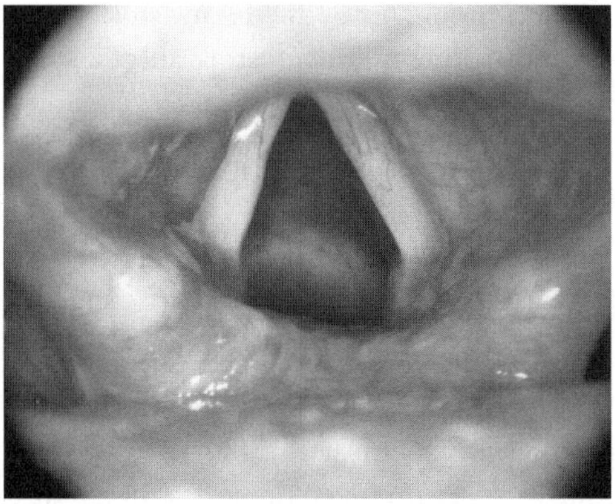

Abb. 13 Schematische Darstellung und Foto der menschlichen Stimmlippen.

gebildeten Sängerstimmen eine spezielle Bedeutung erlangen.
Bei ruhiger Atmung ist die Stimmritze ständig geöffnet, bei der Einatmung stärker, besonders bei tiefer Atmung; beim Ausatmen wird die Stimmritze etwas verengt, um eine zu schnelle Entleerung der Lunge zu verhindern. Die Luft strömt bei der Atmung mit einer Geschwindigkeit von etwa 3 – 5 m/s durch die Stimmritzen, bei Hustenstößen kann der Luftstrom eine Geschwindigkeit bis zu 120 m/s (mehr als 400 km/h !) erreichen.
Um einen Sprech- oder Sington zu erzeugen, werden die Stimmlippen muskulär gleichzeitig mit dem Beginn der Ausat-

mung verschlossen (s. Abb. 12 b). Durch Verengung des Brustkorbs strömt Luft aus der Lunge, so dass vor den geschlossenen Stimmlippen eine Zone erhöhten Luftdruckes entsteht. Dieser Überdruck gegenüber dem äußeren Luftdruck ist etwa so groß wie der Druck, den eine etwa 10 cm hohe Wassersäule auf den Untergrund ausübt. Da der äußere Luftdruck einer 10 m hohen Wassersäule entspricht, ist dieser Überdruck nicht sehr hoch: Unterhalb der geschlossenen Stimmlippen herrscht damit beim Sprechen ein Druck, der nur etwa 1 % über dem äußeren Luftdruck liegt. Selbst bei lautem Singen oder bei hohen Tönen steigt dieser Wert nur ungefähr auf das Dreifache an.

Dieser geringe Unterschied genügt aber, dass die Stimmlippen zur Öffnung gezwungen werden und die gestaute Luft entweichen kann. Der Luftstrom durch die Engstelle der Stimmlippen erzeugt einen Effekt, den die Physiker als *aerodynamisches Paradoxon* bezeichnen: Strömt ein Gas zwischen zwei beweglichen Platten hindurch, so entsteht zwischen den Platten ein Unterdruck und sie werden aufeinander zugezogen (Abb. 14). Die aerodynamische Kraft sowie die muskuläre Unterstützung (die Muskeln sind ja eigentlich in Schließstellung und die Glottis ist nur durch den Überdruck geöffnet worden) bewirken ein Schließen der Stimmritze, dann beginnt der Vorgang mit dem Öffnen der Stimmritze von Neuem. (Dieses Zusammenwirken von muskulären und aerodynamischen Effekten wird als *myoelastische-aerodynamische Theorie* bezeichnet). Die Abfolge zwischen Öffnen und Schließen erfolgt sehr rasch, etwa einige hundertmal pro Sekunde und ist viel zu schnell, um mit dem freien Auge wahrgenommen werden zu können: Unser Sehsinn kann nur etwa 8 Bilder pro Sekunde auflösen. Um einen Schwingungszyklus wie in Abb. 15 festzuhalten, bedarf es spezieller Hochgeschwindigkeitskameras.

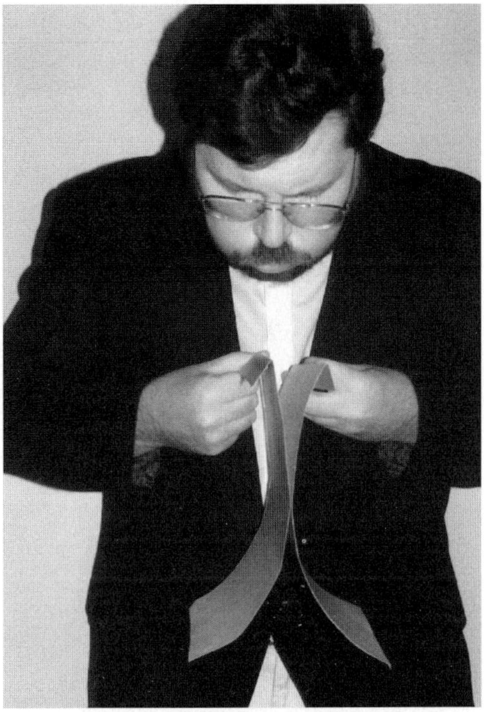

Abb. 14 Aerodynamisches Paradoxon

Durch das Öffnen und Schließen der Stimmlippen können in periodischer Regelmäßigkeit Luftmengen größerer bzw. kleinerer Dichte aus dem Kehlkopf und über den Mundraum aus dem Mund entweichen (Abb. 16). Eine solche räumlich sich ausbreitende Abfolge von Verdichtungen und Verdünnungen der Luft ist nichts anderes als eine Schallwelle – ein Klang ist entstanden!

Mit einfachen Hilfsmitteln, aber aufgrund des genau gleichen Prinzips, werden die meisten Leser auch bereits Geräusche erzeugt haben:

- Man kann einen Grashalm straff zwischen die beiden Daumen spannen, um sodann durch die Öffnung zu blasen.

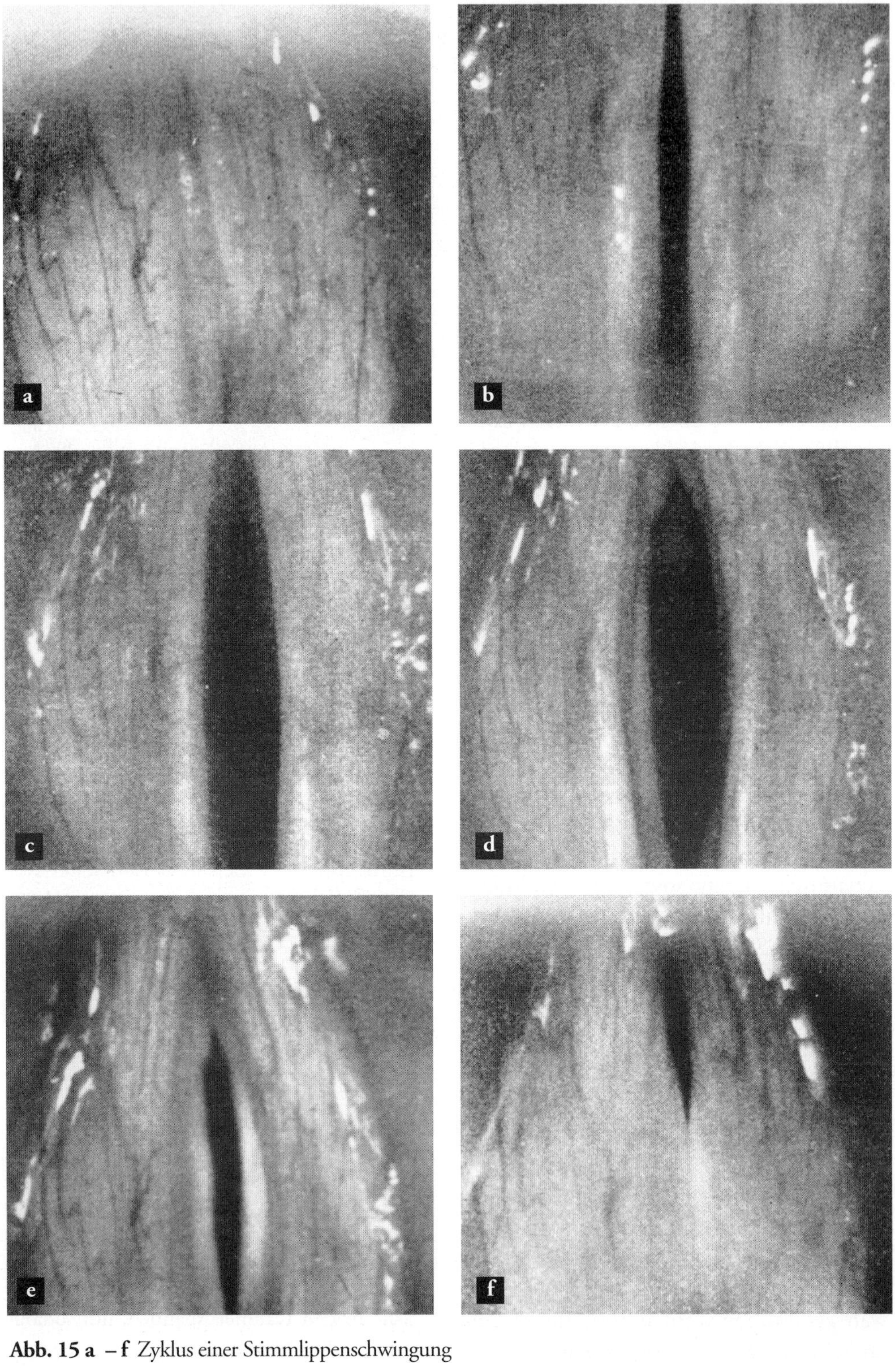

Abb. 15 a – f Zyklus einer Stimmlippenschwingung

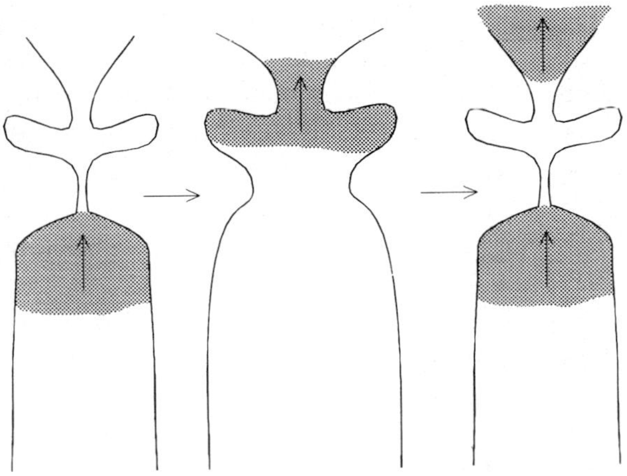

Abb. 16 Entstehung einer Schallwelle durch Öffnen und Schließen der Stimmlippen.

- Oder man kann aus einem aufgeblasenen Luftballon die Luft entweichen lassen, wobei man das Öffnungsstück durch Langziehen verengt.

In beiden Fällen wird ein Klang erzeugt, der durch die raschen Schwingungen des Grashalms bzw. der Gummihaut hervorgerufen wird, die wiederum auf dem aerodynamischen Paradoxon beruhen.
Die Höhe des ausgesandten Tons hängt davon ab, wie oft der Schwingungsvorgang pro Sekunde erfolgt:

- Geschieht er 440mal in der Sekunde, so hat der Ton eine Tonhöhe von 440 Hertz. In musikalischer Sprache ist dies der Kammerton A (nach genauer Bezeichnung der Ton a^1).
- Erfolgt die Schwingung doppelt so schnell (880 Hertz) bzw. doppelt so langsam (220 Hertz), so ist die Tonhöhe eine Oktave höher (a^2) bzw. tiefer (a).

Die Stimmlippen schwingen bei gleichbleibendem Luftdruck umso langsamer, je länger sie sind. Durch die Form des Schildknorpels sind die Stimmlippen von Männern im Durchschnitt um ein Viertel länger als die von Frauen, eine Männerstimme liegt deshalb im Mittel eine Oktave unter einer Frauenstimme.

Die Geschwindigkeit, mit der Schwingungen ablaufen, hängt auch damit zusammen, wieviel Masse zum Schwingen gebracht werden muss: Ein massereicher Körper ist schwerer zu bewegen als ein leichter. Dieser Effekt wird bei den Stimmlippen genutzt, um verschiedene Tonhöhen erzeugen zu können.
In Abb. 17 sind zwei Extrembeispiele dargestellt: Beim einen sind die Stimmlippen sehr voluminös, die Schwingungen laufen langsam ab (Abb. 17 a). Beim anderen

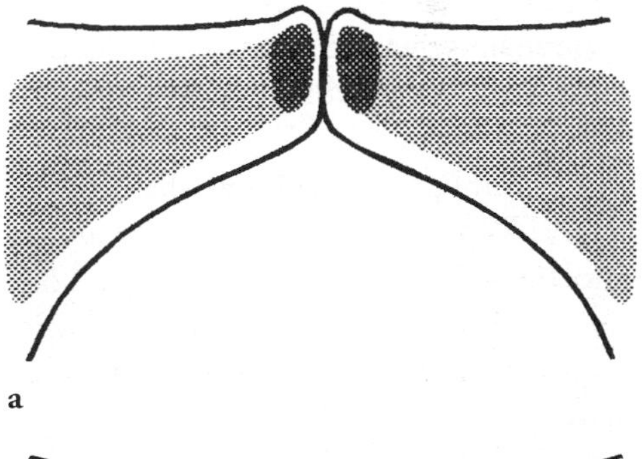

a

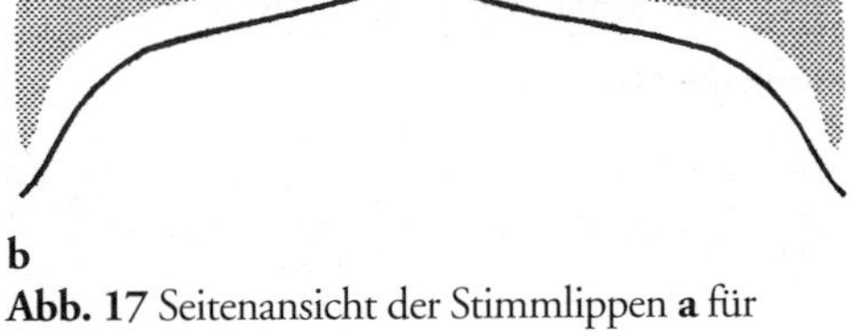

b

Abb. 17 Seitenansicht der Stimmlippen **a** für Brust- und **b** für Kopfstimme

sind die Stimmlippen sehr gestrafft, sie sind auch steifer und nur ein Teil wird zu Schwingungen angeregt (Abb. 17 b). Die linke Abbildung entspricht einer *Bruststimme*, die rechte einer *Kopfstimme* (s. Kap. 6).

Zum Spannen der Stimmlippen ist vermehrte Muskelarbeit notwendig. Aus diesem Grund ermüdet eine Stimme sehr rasch, wenn in hoher Lage gesprochen wird. Wenn man über einen längeren Zeitraum gut gehört werden will, ist es viel ökonomischer, laut statt hoch zu sprechen.

Am Morgen sind die Stimmlippen aufgrund der horizontalen Lage des Körpers während der Nacht mit mehr Flüssigkeit erfüllt und erlauben daher tiefere Töne. Sänger geben an, dass sie am Morgen einige Ganztöne tiefer singen können, und dass der gewohnte Stimmumfang erst nach einigen Stunden erreicht wird.

Die Grundeinstellung, wie hoch der Ton erschallen soll, wird also durch muskuläre Tätigkeiten, durch geeignete Einstellung der Stimmlippenspannung, bewirkt; zum Schwingungsvorgang selbst bedarf es des aerodynamischen Effektes – kein Muskel kann aktiv etwa 100mal in der Sekunde bewegt werden.

Der Stimmlippenton ähnelt allerdings in keiner Weise den Lauten, die wir als gesprochene Worte oder als gesungene Töne kennen. Er ist vielmehr ein sehr undifferenzierter Laut, ähnlich einem unklaren „aaaaa“.

Wie kann dieser Laut physikalisch charakterisiert werden?

Jede periodische Schwingung kann als Überlagerung von harmonischen (Sinus-) Schwingungen mit Frequenzen, die ganzzahlige Vielfache einer Grundfrequenz sind, dargestellt werden (s. Anhang). Der Ton setzt sich also aus Grundton und Obertönen zusammen. Der Grundton bestimmt die Tonhöhe, Anzahl und Stärke der Obertöne geben die Charakteristik des Tons an. Die Kennzeichnung eines Klanges erfolgt durch ein Frequenzspektrum, in dem Höhe und Stärke von Grund- und Obertönen aufgetragen sind (Abb. 67 im Anhang). Je komplizierter eine Schwingungsform aufgebaut ist, desto mehr Obertöne sind in dieser Schwingung enthalten. In Abb. 18 ist eine Stimmlippenschwingung (man beachte die lange Verschlusszeit) und das entsprechende obertonreiche Frequenzspektrum aufgetragen. Wie aus diesem stimmhaften, aber undifferenzierten Klang, der allerdings bereits die Eigenschaft einer bestimmten Tonhöhe besitzt, ein schöner Gesangs- oder Sprechton wird, der zusätzlich noch eine Textinformation vermitteln kann, soll im folgenden Abschnitt betrachtet werden.

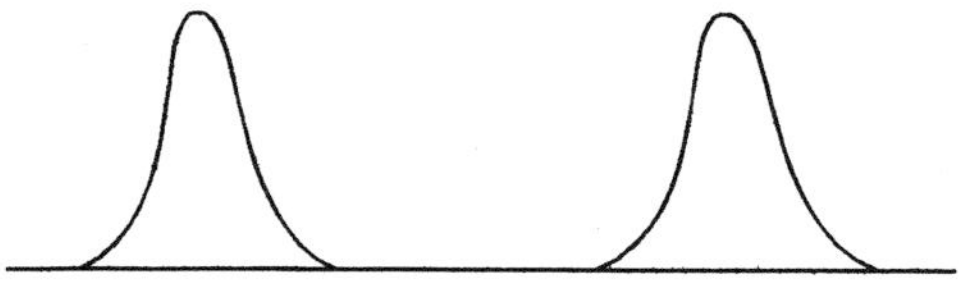

a

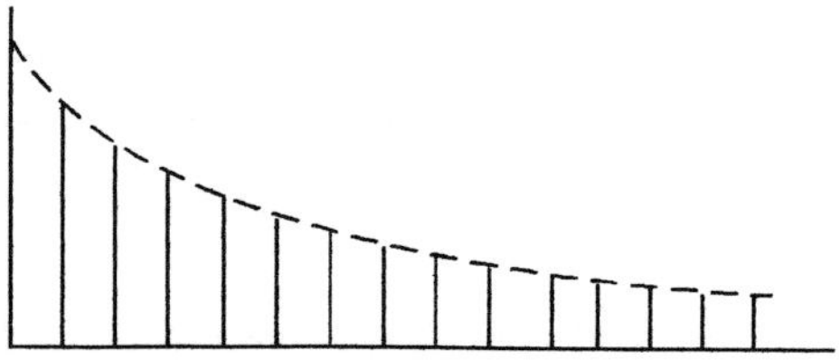

b

Abb. 18, a Stimmbandschwingung, **b** das dazugehörige Frequenzspektrum.

Der Vokaltrakt – der Resonanzraum

EIN DUETT IST, ICH MUSS GESTEHEN,
ZWEI MÄULER, WELCHE OFFEN STEHEN.
W. Busch

Ein wichtiger Bestandteil der menschlichen Stimmerzeugung ist der Vokaltrakt oder, wie er in Analogie zu den Musikinstrumenten auch häufig genannt wird, das *Ansatzrohr*. Auch dieses dient nicht primär der Stimmgebung sondern der Luftzufuhr und Nahrungsaufnahme. Außerdem ist im Mundraum der Geschmacksinn, im Nasenraum der Geruchsinn lokalisiert.

Ähnliches gilt für viele Tiere, besonders für Säugetiere. Allerdings ist beim Menschen der Mundraum über einen sehr ausgeprägten Rachenraum mit dem Kehlkopf verbunden, so dass damit eine zweifache Funktion erzielt werden kann: Erstens werden die Stimmlippentöne verstärkt, zweitens können diese bewusst durch Änderung der Mundstellung variiert werden. Betrachten wir uns anhand von Abb. 19 den Vokaltrakt näher.

Das Ansatzrohr beginnt mit der Stimmritze, die im vorigen Abschnitt besprochene Morgagni-Tasche ist also bereits Teil des Vokaltrakts.

Zwischen Stimmlippen und Mundraum befindet sich der *Rachenraum*, der noch unterteilt werden kann in den Kehlrachen, in den Mundrachen- sowie in den Nasenrachenraum. Der *Kehlrachen* ist ein von Schleimhaut ausgekleideter Muskelschlauch, der hinter dem Kehlkopf in die Speiseröhre übergeht. Der *Nasenrachenraum* wird nach oben durch den Rachendeckel begrenzt, an dem sich die Rachen-

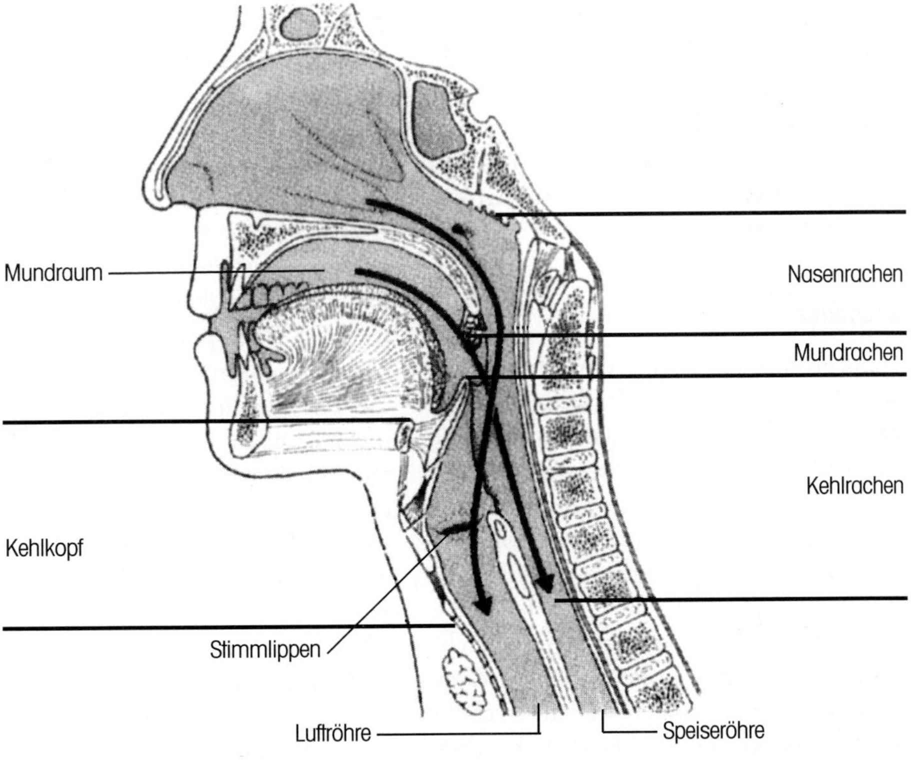

Abb. 19 Darstellung des Vokaltrakts.

mandeln befinden. Hier beginnen, rechts und links symmetrisch, die *Eustachischen Röhren* (nach dem italienischen Anatom *Bartolomeo Eustachi*), die eine Verbindung zum Mittelohr schaffen. Bei schneller Überwindung eines größeren Höhenunterschiedes (z. B. bei der Fahrt mit einer Seilbahn) kann es zu einem „Ohrenverschlagen" kommen; der Grund ist ein zu großer Druckunterschied zwischen Mittelohr und Außenraum. Durch Schlucken oder Gähnen kann über die Eustachische Röhre ein Druckausgleich durchgeführt und die unangenehme Situation behoben werden.
Der *Mundrachen* reicht von der Zungenwurzel bis zu den Gaumenbögen und ist in dieser ausgeprägten Form nur beim Menschen vorhanden. Daran schließt nach vorne die *Mundhöhle* an, sie ist von Mundboden, Wangen und Gaumen begrenzt und nach vorne von den beiden Zahnreihen abgeschlossen. Der größte Teil des Mundraumes wird von der *Zunge* eingenommen. Die Zunge ist das beweglichste Muskelsystem unseres Körpers und damit wichtigster Bestandteil der Artikulationsfähigkeit des Menschen.

Resonanz

Ganz grob kann Rachen- und Mundraum als eine (gekrümmte) zylindrische Röhre gesehen werden; wir können damit für die akustischen Überlegungen die Ähnlichkeit mit einem Flötenkörper ausnutzen (Abb. 20). Ein entsprechender Hohlkörper besitzt bestimmte *(Eigen-)Resonanzen.* Dies sind Frequenzbereiche, bei denen ein eingestrahlter Klang verstärkt wird; gleichzeitig eingestrahlte Töne, die nicht diese Resonanzfrequenzen aufweisen, werden nicht verstärkt und sind im abgestrahlten Klang praktisch nicht hörbar (s. Anhang).

Die Lage der Grundresonanz und der Obertöne ist bei flötenartigen Instrumenten von der Länge des Resonanzkörpers abhängig und, ob das Ende abgeschlossen oder offen ist. Wir haben gesehen, dass die Stimmlippenöffnung im Vergleich zum Durchmesser des Vokaltraktes eher klein ist, ferner sind die Stimmlippen beim Sprechen und Singen während annähernd der Hälfte der Zeit geschlossen (Abb. 18). Aus diesen Gründen ist die Analogie des Mund- und Rachenraums mit einer einseitig geschlossenen Pfeife zutreffender als die mit einer beidseitig offenen.

Formanten

In Abb. 20 ist dieser Vergleich für Grundton und erste Obertöne skizziert. Die Frequenz des Grundtons (500 Hertz) ist aus der durchschnittlichen Länge des Vokaltrakts eines erwachsenen Mannes mit etwa 17,5 cm berechnet. Die Frequenz des ersten Obertones ergibt sich zu 1500 Hertz, die des zweiten zu 2500 Hertz usw. Diese Resonanzen werden bei der menschlichen Stimme als Formanten bezeichnet.
Die Frequenzfolge 500, 1500, 2500 Hertz ergibt sich nur für den idealen Fall einer völlig runden Pfeife, die über die gesamte Länge den gleichen Durchmesser besitzt. Ist diese Bedingung nicht erfüllt, liegen die Resonanzen bei anderen Frequenzen; die Verschiebung ist um so größer, je weniger Ähnlichkeit der betrachtete Hohlraum mit einem Zylinder besitzt. Durch die Beweglichkeit des Vokaltraktes (insbesondere der Zunge) kann somit die Lage der Resonanzen verändert werden: Die Stellung des Mundraums bestimmt die Formanten. Dies hat aber weitreichende Konsequenzen, denn aus der Lage der Formanten ergibt sich ein Großteil der Charakteristik des ausgesandten Klanges, z. B. die Artikulation der einzelnen Vokale.

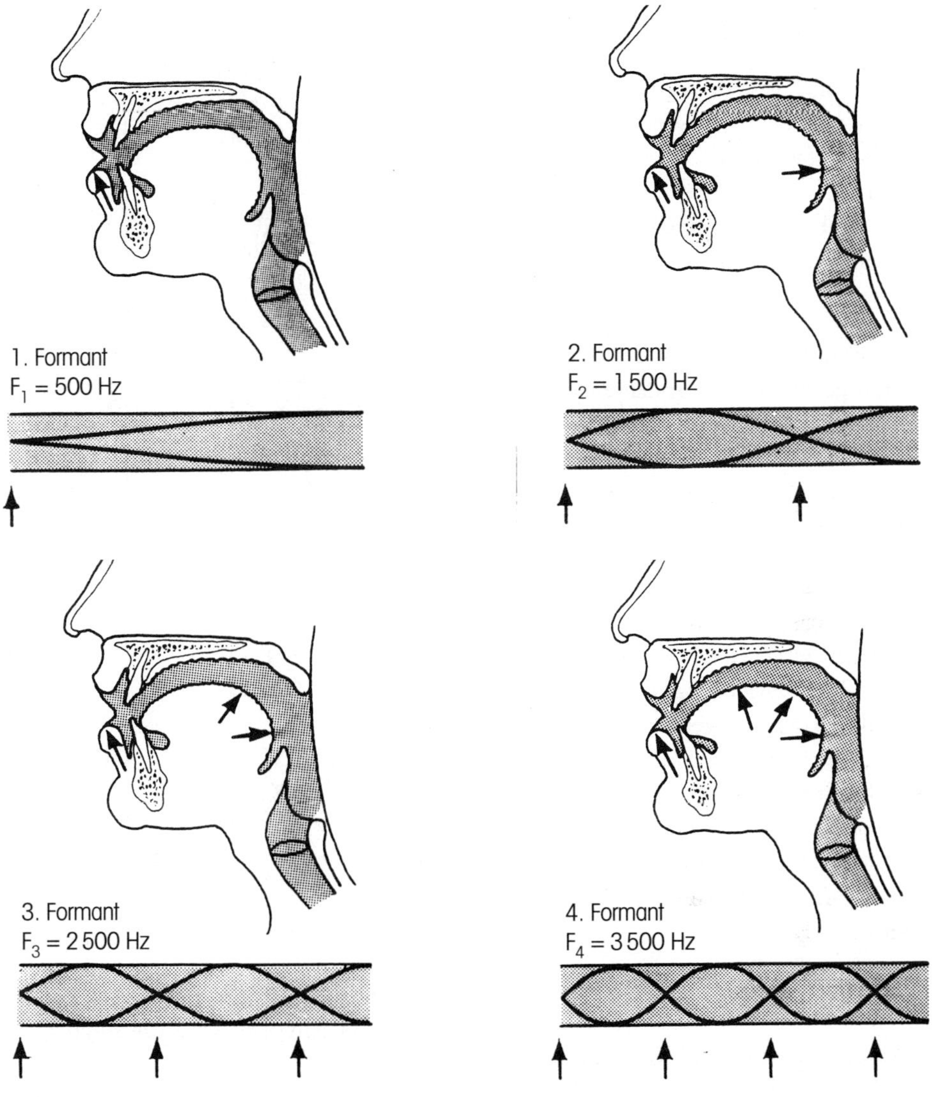

Abb. 20 Analogie des menschlichen Vokaltrakts mit einer zylindrischen, einseitig geschlossenen Röhre. Die Pfeile geben die Druckknoten für die ersten vier Formanten an.

Konsonanten

Bevor wir die Vokalbildung genauer besprechen, wollen wir uns kurz der Entstehung von Konsonanten zuwenden. Eine Einteilung der Konsonanten kann einerseits nach dem Typ der Artikulation, andererseits nach dem Ort seiner Entstehung erfolgen.

- Bei den Konsonanten „f", „s" oder „sch" wird der Luftstrom durch Engstellen gehemmt, wodurch ein Strömungsgeräusch ohne definierte Tonhöhe entsteht. Beim „f" befindet sich die Engstelle zwischen Lippen und Zähnen, beim „s" zwischen Zunge und vorderem Teil, beim „sch" zwischen Zunge und mittlerem Teil des Gaumens.

- Bei den Verschlusslauten „p“, „t“, „k“ wird der Luftstrom an verschiedenen Stellen des Mundraums gestaut, beim „p“ zwischen den Lippen, beim „t“ zwischen Zunge und vorderem und beim „k“ zwischen Zunge und rückwärtigem Teil des Gaumens. Die gestaute Luft wird plötzlich freigegeben, was zu einem „explosionsartigen“ Geräusch führt.
- Die Stimmlippen sind bei der Bildung der vorhin genannten Konsonanten nicht beteiligt, sie tragen deshalb auch den Namen stimmlose Konsonanten. Kommt zum Geräusch des Ansatzrohres noch ein Stimmklang hinzu, spricht man von stimmhaften Konsonanten, etwa „b“, „d“, „g“.
- Bei den nasalen Konsonanten wird das Gaumensegel gesenkt, der Mundraum für kurze Zeit blockiert und der Luftstrom wird durch die Nase geführt („m“, „n“ oder „ng“). Der Übergang von Konsonanten zu Vokalen ist fließend, so werden „w“, „j“, „l“, „r“, „m“ und „n“ als Halbvokale bezeichnet, da sie akustisch durch einen vokalähnlichen Klangcharakter gekennzeichnet sind.

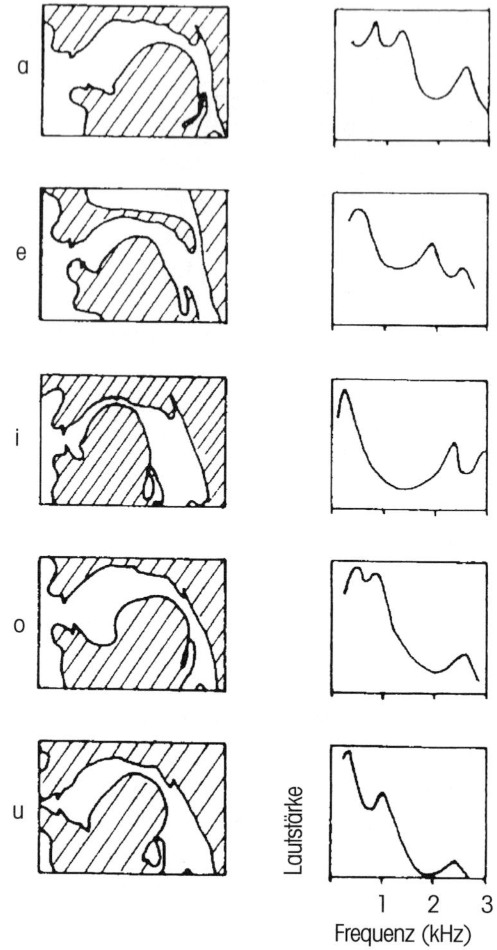

Abb. 21 Mundstellung bei der Artikulation der Vokale und dazugehörige Frequenzspektren.

Vokale

Der Übergang von den Konsonanten zu den Vokalen ist fließend, wobei es im Prinzip unendlich viele Vokale gibt mit nicht genau definierten und auch nicht definierbaren Grenzen. Jede Sprache hat ihre eigenen Vokale. Als Orientierungspunkt wurden daher die fünf *Kardinalvokale* „a“, „e“, „i“, „o“, „u“ gewählt.

In Abb. 21 sind auf der linken Seite typische Mundstellungen für die einzelnen Vokale skizziert - vergleichen Sie, indem Sie Ihre eigenen Mund- und Zungenbewegungen bei deutlicher Artikulation der Vokale beobachten. Man sieht, wie wichtig die Zunge ist, da durch deren Bewegung jeweils unterschiedliche Teile des Mundraumes erweitert bzw. verengt werden.

In der rechten Spalte von Abb. 21 ist die Auswirkung der unterschiedlichen Formen des Resonanzkörpers Mund- und Rachenraum auf die ersten drei Formanten gezeigt (die Grundschwingung, die die Tonhöhe bestimmt und deren Oberschwingungen sind nicht eingezeichnet, die Linie gibt lediglich die „Einhüllende“, den groben Verlauf des Frequenzspektrums wieder; ein exakt dargestelltes Frequenzspektrum ist in Abb. 73 im Anhang dargestellt). Die Spitzen der Kurven entsprechen den Formanten: Die Position der höchsten Stelle gibt die Lage des Formanten an, die Höhe dessen Intensität.

In erster Näherung kann gesagt werden, dass der erste Formant mit der Öffnungsweite des Mundraums, das ist mit der vertikalen Stellung der Zunge, zusammenhängt: Befindet sich die Zunge in einer hohen Stellung (wie beim „i"), ergibt dies niedere Frequenzen für den ersten Formant, beim „a" (Zunge in tiefer Lage) hat der erste Formant hohe Frequenzwerte. Die horizontale Stellung der Zunge beeinflusst primär den zweiten Formant, beim „i" (Zunge vorne) liegt dieser bei hohen Frequenzwerten, beim „o" (Zunge hinten) bei niederen.

Die Skala der Intensität ist in einem logarithmischen Maßstab gegeben, so dass sich zwischen den Stärken des ersten zu den weiteren Formanten zum Teil ein großer Abfall ergibt, wie z. B. beim Vokal „i". Beim „a" hingegen liegen die ersten zwei Formanten frequenz- und intensitätsmäßig nahe beisammen (s. Anhang).

Zur Charakterisierung und Erkennung eines Vokals genügen die ersten zwei Formanten. In Abb. 22 ist dies in Form einer sogenannten *Formantkarte* dargestellt. Auf der waagerechten Achse ist die Frequenz des ersten, auf der senkrechten Achse die Frequenz des zweiten Formanten aufgetragen. Die ovalen Bereiche geben an, welche Frequenzen erster bzw. zweiter Formant besitzen müssen, damit der Stimmklang als spezieller Vokal erkannt wird: Liegt der erste Formant zwischen 600 und 800 Hertz, der zweite zwischen 1000 und etwa 1400 Hertz, so hören wir ein „a". Liegt bereits ein Formant außerhalb dieser Bereiche, ergibt sich vorerst ein nicht

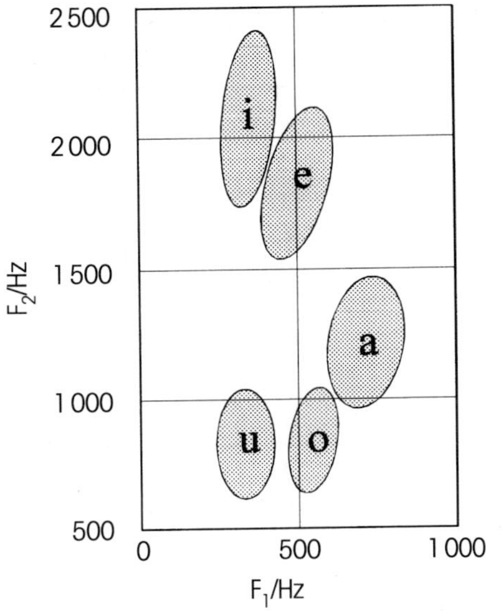

Abb. 22 Formantkarte

exakt zuzuordnender Laut, wandern beide Formanten zu niederen Frequenzen, so erklingt allmählich ein „o".

In Tabelle 1 sind mittlere Frequenzen der ersten drei Formanten angegeben und zwar getrennt für Männer-, Frauen- und Kinderstimmen. Es ist erstaunlich, dass der Unterschied in den Frequenzen zwischen Männern und Frauen nur weniger als 20 % beträgt, obwohl der Unterschied zwischen der durchschnittlichen Tonhöhe von männlichen und weiblichen Stimmen etwa eine Oktave (ein Faktor zwei, also 100 %) ausmacht. Der Grund liegt darin, dass die *Lage der Formanten* durch die *Längenabmessungen des Vokaltrakts,* d. h. des Halses und des Kopfes, bestimmt sind, und sich hier keine großen Unterschiede ergeben. Deshalb sind auch die Formanten der Kinderstimmen deutlicher von den Frauenstimmen verschieden als diese von den Männerstimmen. Die *Tonhöhe* jedoch ergibt sich aus der *Masse, Länge und Spannung der Stimmlippen*: Diese ist bei Männern deutlich anders als bei Frauen und Kindern.

Tabelle 1 Durchschnittswerte der ersten drei Formanten der Grundvokale für Männer- (M) und Frauen- (F) und Kinderstimmen (K). (Nach T. D. Rossing)

Formant-frequenz (Hz)		a	e	i	o	u
F_1	M	730	530	270	570	300
	F	850	610	310	590	370
	K	1030	690	370	680	430
F_2	M	1090	1840	2290	840	870
	F	1220	2330	2790	920	950
	K	1370	2610	3200	1060	1170
F_3	M	2440	2480	3010	2410	2240
	F	2810	2990	3310	2710	2670
	K	3170	3570	3730	3180	3260

Timbre

Jede Stimme hat noch ihre besondere Eigenheit, ihr „Timbre", etwas, das uns befähigt, eine Stimme einer bestimmten Person zuzuordnen bzw. eine wohlbekannte Stimme aus einem Stimmengewirr herauszuhören. Diese Eigenheit setzt sich aus der mittleren Tonhöhe und der spezifischen Spektralverteilung (charakteristisches Frequenzspektrum) zusammen. Sie ergibt sich damit aus anatomischen Gegebenheiten (etwa der Länge des Vokaltrakts oder einzelner Teile davon; Größe und Masse der Stimmlippen) und angeborenen bzw. angelernten Charakteristika des Steuerungssystems.

Die mittlere Tonhöhe einer Stimme ist leicht messbar; wie sich aus dem Frequenzspektrum ein Timbre bestimmen lässt, ist allerdings weit weniger geklärt. Sehr wahrscheinlich hängt das Timbre mit dem Mittelwert über die spektrale Verteilung der einzelnen Sprachlaute zusammen. Allerdings ist es noch nicht gelungen, ein physikalisches und objektives Maß für das Timbre zu finden. Es ist interessant, dass man eine Stimme erkennen kann (einem Sprecher zuordnen kann), wenn ein gesprochener Text rückwärts von einem Tonband abgespult wird (der Text ist natürlich völlig unverständlich). Jedoch wird das Timbre undeutlich, wenn man die Abspielgeschwindigkeit um mehr als 10 % erhöht oder vermindert, dabei ist der Text immer noch zu verstehen.

Man kann noch weitere Feinheiten einer Stimme aufspüren:

- Ein Kleinkind kann ohne Worte bereits für alle verständlich Lust oder Unlust ausdrücken. Wie ist dies messbar?
- Man kann seiner Stimme einen erotischen Klang verleihen: Einen Teil des Erotischen kann man daran charakterisieren, dass ansonst nicht nasale Laute verstärkt durch die Nase gesprochen werden und der Stimme ein behauchter Klang gegeben wird. Aber dies kann wohl doch nicht der gesamte Reiz einer erotischen Stimme sein!

Je weiter man dabei zu den Feinheiten der Stimme vordringt, desto stärker ist die Kopplung zwischen den einzelnen Elementen und desto wichtiger wird die Steuerung dieser Komponenten.

Stimmkontrolle – das Gehirn als Koordinator

DAS GANZE IST MEHR ALS DIE SUMME SEINER TEILE

Beim Sprechen sind insgesamt etwa 100 Muskeln beteiligt. Da deren Bewegungen zum Teil sehr schnell erfolgen und da außerdem eine äußerst genaue Koordination notwendig ist, ist völlig klar, dass die Aktivierung der einzelnen Muskeln nicht bewusst sondern automatisch erfolgen muss. Es genügt aber nicht nur, die Muskeln anzuregen, sondern der Grad der Anregung muss zusätzlich kontrolliert werden, um durch *Rückkopplung* eventuelle Fehleinstellungen zu berichtigen und um eine richtige Einstellung zu stabilisieren. Diese anregenden bzw. kontrollierenden Mechanismen können auf verschiedenen Ebenen des Zentralnervensystems verlaufen:

- Die Steuer- und Koordinationsmechanismen laufen einerseits auf Rückenmarks- und Hirnstammebene reflexartig und unbewusst ab.
- Andererseits laufen sie unter bewusster Kontrolle ab, sobald diese Empfindungen die Großhirnrinde erreichen. Dies betrifft vor allem die Kontrolle der eigenen Stimme durch das Gehör.

Kontrollmechanismen

Die Wichtigkeit des *Gehörsinns* erkennt man daran, dass bei gehörlos geborenen Menschen ohne fremde Mithilfe keine Sprachentwicklung erfolgt! Selbst bei Personen, die erst im Alter ertauben, macht sich diese Beeinträchtigung auch beim Sprechen bemerkbar. Ohne die ständige Kontrolle des Gehörs wird die Stimme instabil, d. h. es ist nicht mehr genau möglich, vorgestellte Töne zu treffen oder die Stimme konstant zu halten. Ebenso ändert sich die Artikulation, die Laute werden nicht mehr exakt ausgesprochen, die Sprache klingt „verwaschen", die natürliche Sprachmelodie verflacht. Wird die eigene Stimme z. B. durch lauten Umgebungslärm gestört, so reagiert der innere Kontrollmechanismus damit, dass die Lautstärke unbewusst erhöht und auch die Tonhöhe angehoben wird. Dadurch wird auch die Verständlichkeit verbessert.
Die Kontrollfunktionen können auch folgendermaßen eingeteilt werden:

- Ein Startmechanismus, der aufgrund der Entscheidung im Gehirn, dass ein bestimmter Laut gesprochen werden soll, die entsprechenden Muskeln des Brustkorbs, des Kehlkopfes und der Mundhöhle aktiviert (in den entsprechenden Feineinstellungen).
- Ein Rückkopplungsmechanismus ausgehend von Nervenmeldungen der verschiedenen Muskelfunktionen während des Sprechens.
- Die Rückkopplung aufgrund des Hörens des erzeugten Lautes.

Sämtliche Stufen bedingen eine hohe und intensive Aktivität des gesamten Zentralnervensystems. Dass Tiere keine komplexe Sprache entwickelt haben, hängt nicht nur mit den anatomischen Gegebenheiten der Sprechwerkzeuge zusammen, sondern auch mit deren mangelnder Kapazität des Gehirns.

Gehirn

Das Gehirn gliedert sich in zwei anatomisch ähnlich aussehende Hälften, die zum Teil auch die Symmetrie des Körpers

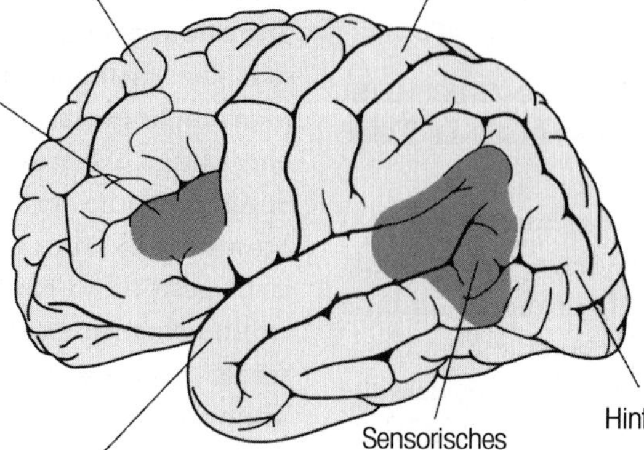

Abb. 23 Darstellung der linken Gehirnhälfte

widerspiegeln: Die rechte Gehirnhälfte steuert etwa den linken Arm, Informationen des rechten Gesichtsfeldes werden zum größeren Teil in der linken Gehirnhälfte verarbeitet usw. Das Stimmorgan ist jedoch nur einfach vorhanden: Sind die entsprechenden steuernden Gehirnbereiche nun auch symmetrisch lokalisiert oder unsymmetrisch nur in einer Hälfte?
Gehirnforschungen haben gezeigt, dass die beiden Gehirnhälften auf verschiedene Funktionen spezialisiert sind.

- Die *linke* Gehirnhälfte ist bei der Mehrheit der Menschen eher für logisches, analytisches Denken, für die zeitliche Abfolge von Bewegungen zuständig.
- Die *rechte* Seite dagegen arbeitet ganzheitlich. Sie nimmt räumliche (d. h. gleichzeitige) Informationen auf und ist für die Gefühlswelt des Menschen von größerer Bedeutung.

Es gibt Theorien, wonach die Fähigkeit der linken Gehirnhälfte, feine, schnelle Bewegungen besser koordinieren zu können, dazu geführt hat, dass die Steuerung des Stimmapparates hauptsächlich im linken Gehirnteil vor sich geht. Tatsache ist, dass die Feinmotorik von Lippen, Zunge, Gaumen, Kehlkopf von der linken Gehirnhälfte aus gesteuert wird, aber auch die zwei sogenannten Sprachzentren, die Bereiche von Broca und Wernicke, die im folgenden kurz beschrieben werden, sind hier lokalisiert (Abb. 23).

Sprache

Sprache spielt sich zum überwiegenden Teil in der linken Gehirnhälfte ab. Der französische Chirurg *Paul Broca* und der deutsche Neurologe *Karl Wernicke* fanden in der zweiten Hälfte des vorigen Jahrhunderts, dass zwei spezielle Bereiche der linken Gehirnhälfte äußerst wichtig für die Sprachgebung sind:

- Ist der sogenannte *Broca'sche Bereich*, der im Frontlappen des Gehirns unter den Steuerbereichen für Mund- und Kehlkopfmuskeln liegt, beschädigt, so kann der Patient nur langsam Worte und Silben sprechen und dies nur in schlechter Artikulation.

- Verletzungen des *Wernicke'schen* Areals im linken Seitenlappen erlauben wohl eine, oft sogar überschießende Sprachproduktion, allerdings ohne Inhalt und damit für den Zuhörer weitgehend unverständlich. Gestört ist hier vor allem das Sprachverständnis, d. h. die Sprache klingt für den Betroffenen wie eine Fremdsprache.

Im Broca-Areal liegt also ein Zentrum der Erzeugung von Sprachlauten, im Wernicke-Bereich wird das Sprachverständnis koordiniert.

Die Fähigkeit, Sprache zu bilden, liegt in der linken Gehirnhälfte, die normale gesprochene Sprache ist jedoch ein Zusammenspiel beider Hälften. Die rechte Hälfte liefert die Gefühlsanteile der Sprache wie Ausdruck, Melodie. Eine nur von der linken Hälfte erzeugte Sprache besteht aus einer, wie von einem Computer erzeugten, sinnvollen, aber monotonen Aneinanderreihung von Worten. Ebenso besteht beim Singen eine enge Koordination der beiden Hälften.

Zusammenfassung

Welche Mechanismen werden teils bewusst, teils unbewusst in Gang gesetzt, um etwa den Vokal „e" in mittlerer Lautstärke und in einer gewünschten Tonhöhe zu produzieren (s. Abb. 24)?
Ist der Entschluss gefasst, den Vokal „e" mit den genannten Bedingungen zu sprechen, werden über Nerven die entsprechenden Muskeln in den verschiedenen Körperteilen aktiviert: Mit den Brustmuskeln und dem Zwerchfell wird der Ausatemstrom durch die Luftröhre in Richtung Kehlkopf geführt. Die Vorgabe für die Stärke des Druckes ergibt sich aus der gewünschten Lautstärke.
Bevor der Luftstrom zum Kehlkopf gelangt, ist dieser bereits von der Atmungs- zur Sprechphase übergeführt worden. Im besonderen sind die Stimmlippen in geschlossene Stellung versetzt worden, so dass sich der Luftstrom davor staut. Der Staudruck bewirkt eine Öffnung der Stimmlippen, und die strömende Luft erzeugt ein Schwingen der Stimmlippen. Bereits vorher sind durch unbewusste, muskuläre Bewegungen, besonders der Stellknorpel, die Stimmlippen in einen bestimmten Spannungszustand versetzt worden, der der gewünschten Tonhöhe entspricht. Das Resultat ist ein Klang mit definierter Tonhöhe und vielen Obertönen.
Auch Mund- und Rachenraum sind bereits in die Stellung gebracht worden, die dem Vokal „e" entspricht. Physikalisch gesprochen werden dadurch einige, bestimmte Frequenzbereiche verstärkt, das ursprüngliche Frequenzspektrum wird verändert. Diese Resonanzwirkung des Vokaltrakts vervollständigt damit die Erzeugung des Lautes, indem dieser zusätzlich die charakteristische Information erhält, die letztlich die Basis sämtlicher Lautsprachen bildet.

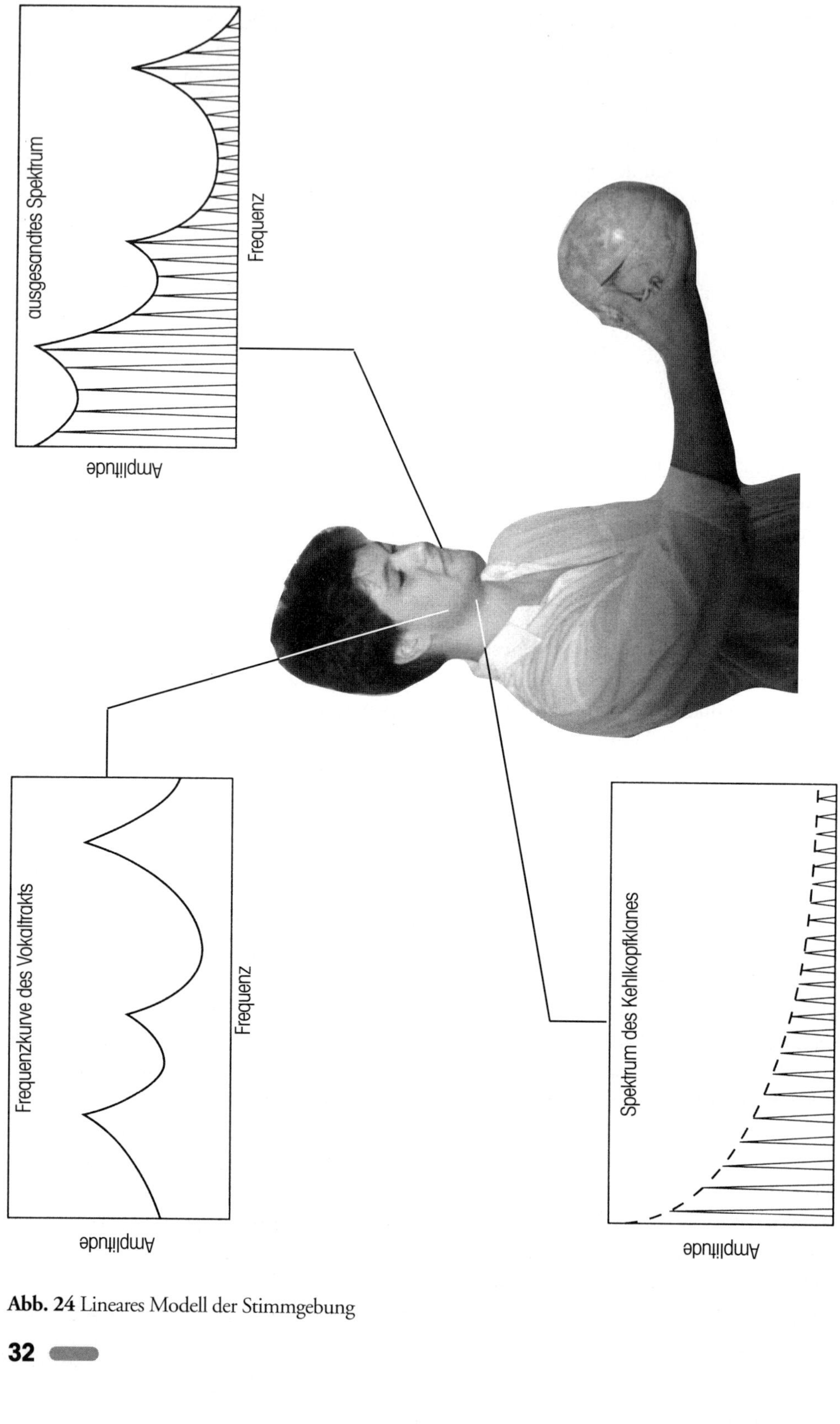

Abb. 24 Lineares Modell der Stimmgebung

3 DIE ENTWICKLUNG DER STIMME

DER STIMMWECHSEL (Mutation) beim Knaben, im Volksmund auch als „Stimmbruch“ bezeichnet, ist sicher das auffälligste Ereignis in der Entwicklung der Stimme. Weniger auffallend und bekannt ist, dass auch Mädchen in der Pubertät eine Mutation erleben und dass auch im Alter eine weitere Stimmänderung erfolgt, die besonders bei Frauen beträchtlich sein kann. Deshalb ist es sinnvoll, von drei Entwicklungsstufen der Stimme zu sprechen, der Kinderstimme, der Erwachsenen und der Altersstimme.

Die Kinderstimme

Bei der Geburt eines Kindes sind die für die Kommunikation benötigten Organe – Lippen, Kiefer, Gaumen, Wangen, Zunge, Nase, Rachen und Kehlkopf – bereits ausgebildet. Da sie aber zunächst für die lebensnotwendigen Tätigkeiten des Neugeborenen – Atmen, Saugen, Schlucken, Schreien, Abwehr von Fremdkörpern – funktionstüchtig sein müssen, unterscheiden sich diese Organe sowohl in der Form als auch in der Funktion in wesentlichen Teilen vom Zustand beim Erwachsenen. So liegt der Kehlkopf beim Neugeborenen viel höher (s. Kapitel 4, Abb. 27): Dies erlaubt dem Kind, gleichzeitig schlucken und atmen zu können. Durch die höhere Lage des Kehlkopfes ist das Ansatzrohr viel kleiner und die Resonanzverhältnisse sind noch unausgereift.

Auch das Zentralnervensystem ist zum Zeitpunkt der Geburt noch nicht voll entwickelt. Das Neugeborenengehirn unterscheidet sich noch wesentlich vom Erwachsenengehirn und verändert sich in den ersten Lebensjahren gravierend, bis es den Zustand des Erwachsenengehirnes erreicht – die sogenannte *Reifung* (Abb. 25).

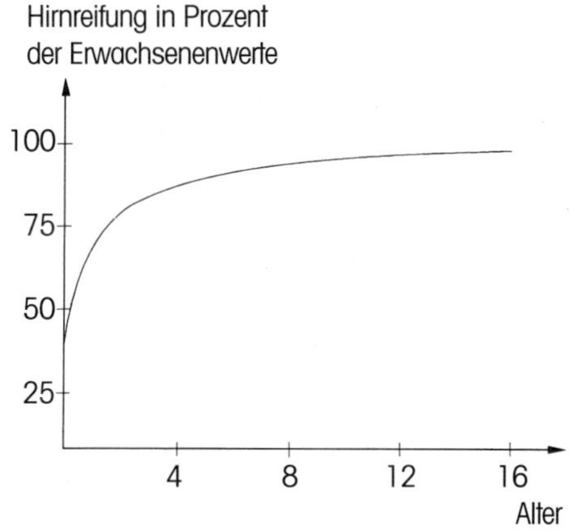

Abb.25 Reifungskurve des Gehirns

Hirnreifung

Auf hirnorganischer Ebene zeigt sich diese Reifung durch die Gewichtszunahme des Gehirns, die Ausbildung von Nervenzellen und deren Verbindungen sowie chemische und elektrophysiologische Veränderungen im Gehirn. Das Neugeborene kommt mit etwa 30 % der Reifungswerte eines Erwachsenen auf die Welt, am Ende des 1. Lebensjahres hat es bereits etwa 60 % des endgültigen Wertes erreicht. Die

Reifungskurve verflacht dann und erreicht etwa in der Pubertät den Zustand beim Erwachsenen. So beträgt z. B. die Gewichtszunahme des Gehirns in den ersten zwei Lebensjahren 350 %, in den nächsten 10 Jahren jedoch nur noch 35 %. Diese Kurve der Hirnreifung ist für den Menschen spezifisch und verläuft z. B. bei den Primaten anders. Es gibt Hinweise, dass gerade diese artspezifische Reifungskurve des Gehirns mit der Sprachfähigkeit des Menschen zusammenhängt.

Dominanzbildung

Die Gehirnreifung verläuft parallel mit einer zweiten Eigentümlichkeit des menschlichen Gehirns, der sogenannten *Dominanzbildung.* Nur beim Menschen bildet sich im Kindesalter eine *Spezialisierung* der beiden Hirnhälften heraus. In der linken Gehirnhälfte kommt es (bei 96 % aller Menschen) zur Ausbildung der Sprachzentren, wodurch diese Hirnhälfte für sprachliche Funktionen bestimmend wird. Die rechte Gehirnhälfte dagegen spezialisiert sich auf musikalische und räumlichkonstruktive Aufgaben. Parallel kommt es zur Bevorzugung einer Körperhälfte, bekannt vor allem durch die *Händigkeit,* die in dieser ausgeprägten Form auch nur beim Menschen vorkommt.

Sprachentwicklung

Dem Neugeborenen steht bereits eine Vielzahl von Sinnesfunktionen zur Verfügung, vor allem Tast-, Seh-, Geschmack-, Geruch-, aber auch der Hörsinn sind bereits erstaunlich ausgereift. Neugeborene können im begrenzten Umfang einfache und kontrastreiche Muster der elterlichen Sprachmelodie und Sprechweise wahrnehmen und voneinander unterscheiden. Neugeborene lassen sich durch die menschliche Stimme rascher beruhigen als durch andere akustische Reize.

Obwohl die Entwicklung der Sprachfähigkeit des Menschen weitgehend im Dunkeln liegt, gibt es einige Theorien dazu. Eine besagt, dass sich die Sprache vor allem aus der Kommunikation zwischen Mutter und Kind entwickelt hat. Nach dieser Theorie ist die Rechtshändigkeit der Sprache vorausgegangen: Die Hominiden mussten ihre Kinder aufgrund der fehlenden Behaarung im Arm tragen; instinktiv legten sie das Kind in den linken Arm, sodass das Neugeborene den noch von seinem Aufenthalt im Mutterleib gewohnten Herzschlag wahrnehmen konnte und beruhigt wurde. Damit wurde der rechte Arm frei für feine motorische Tätigkeiten, und die Menschheit wurde rechtshändig. Die linke Hirnhälfte (sie steuert die rechte Körperhälfte) war damit für feine motorische Bewegungen und in weiterer Folge für die feine Steuerung der Sprechwerkzeuge zuständig geworden. Bis auf den heutigen Tag sind Frauen im Durchschnitt den Männern sprachlich überlegen. Das Wort „Muttersprache" hätte damit in einem unerwarteten Sinn recht.

Das Neugeborene ist also schon im ersten Monat vorbereitet, die menschliche Sprache differenziert wahrzunehmen. Es kann nicht nur die meisten Sprachlaute erkennen, sondern die Laute nach Tonhöhe, Melodie, Dauer und Rhythmus unterscheiden. Es besitzt eine Vorliebe für Töne gegenüber Geräuschen, ist besonders empfänglich für den Frequenzbereich der menschlichen Stimme, erkennt die Mutter an der Stimme und erfasst auch die emotionalen Ausdruckformen der Sprache.

Der Geburtsschrei

Wie in der Tierwelt sind die ersten Äußerungen des Säuglings ein *reflektorisches Schreien.* In dem Moment, in dem das Kleinkind durch das Abnabeln vom Stoffwechsel der Mutter getrennt wird, löst der Sauerstoffbedarf über das Atemzentrum die erste Einatmung aus, worauf dann beim Ausatmen der *Geburtsschrei* ertönt. Die folgenden Atemzüge führen zur Entfaltung der Lungenbläschen und zur Abgabe der gestauten Blut- und Lymphflüssigkeit.
Der Schrei des Neugeborenen hat zu zahlreichen Interpretationen über seine Bedeutung Anlass gegeben. Im Altertum fasste man ihn als Schrei der Freude am Dasein auf; im Mittelalter meinte man, es handle sich um einen Schrei des Protestes, da das Leiden des Lebens beginnt. Man wollte sogar heraushören, dass die Knaben mehr „oa", die Mädchen mehr „oe" schreien und hat dafür sogar einen lateinischen Ausdruck strapaziert: Im Falle eines Buben „O Adam cur peccavisti" (O Adam, warum hast du gesündigt) und bei einem Mädchen „O Eva cur peccavisti". Von einigen psychotherapeutischen Richtungen wird der erste Schrei des Kindes – der sogenannte *Urschrei* – als Protest gedeutet und von dieser psychotherapeutischen Seite als eigene „Urschreitherapie" zur Befreiung von den Zwängen des Lebens eingesetzt.
Dieser reflektorische Geburtsschrei läuft bei allen Kindern auf der ganzen Welt gleich ab; auch die Tonhöhe beträgt immer etwa 400 – 450 Hertz. Es ist ein eigenartiger Zufall, dass die Frequenz von 440 Hz in weiten Teilen der Welt als „Kammerton", als Standardton für das Stimmen von Musikinstrumenten, gebraucht wird. Der Grund für die Gleichförmigkeit im Ablauf und der Art des Neugeborenenschreies liegt darin, dass sich alle reifen neugeborenen Kinder nur unwesentlich in ihrer Größe und dem Reifungszustand des zentralen Nervensystems unterscheiden.

Schreiperiode

Der Neugeborenenschrei wird in den ersten Wochen nach der Geburt im wesentlichen beibehalten und tritt vorwiegend als Reaktion auf unlustbetonte Empfindungen auf. Das Kind ist in der sogenannten *Schreiperiode.* Das Neugeborene schreit, wenn es nass oder hungrig ist, Schmerzen hat oder wenn die Außentemperatur seinen Bedürfnissen nicht angepasst ist. Der Schrei hat damit Aufforderungscharakter, das vorhandene Übel zu beseitigen. Dem Neugeborenen ist es bereits mit diesen ersten Lautäußerungen möglich, eine Kommunikation mit seiner Bezugsperson herzustellen.
Erkrankungen des Säuglings können zu Auffälligkeiten und Abweichungen gegenüber dem normalen Säuglingsschrei führen: Es treten Unterschiede im zeitlichen Verlauf, in der spektralen Zusammensetzung und vor allem in der Tonhöhe der Schreie auf. Seit langem ist bekannt, dass besonders schrille Säuglingsschreie auf Gehirnerkrankungen, Stoffwechselstörungen oder genetische Erkrankungen hinweisen können. Bei Erwachsenen besteht eine – offenbar angeborene – unbewusste „Vorstellung", wie ein normaler Säuglingsschrei zu klingen hat. Schrille Säuglingsschreie mit abnormal hoher Stimmlage werden als unangenehm empfunden und rufen Aversionen hervor. Spektralanalysen von Säuglingsschreien werden sogar in der medizinischen Über-

wachung auf Neugeborenenstationen eingesetzt, um so frühzeitig Komplikationen von seiten des zentralen Nervensystems zu erkennen.

Der modulierte Schrei

Von Woche zu Woche differenzieren sich die anfänglich einförmigen Schreie und erreichen in ihrer kommunikativen Bedeutung schnell vorsprachliche Stufen. Ab der 4. bis 5. Lebenswoche tritt der sogenannte *modulierte* Schrei auf, d. h. das Neugeborene kann durch Variation von Tonhöhe, Lautstärke, Stimmeinsatz, Tonhöhen- und Lautstärkenverlauf des Schreiens seinen Gefühlen und Wünschen Ausdruck verleihen. Vor allem die Stimmeinsätze variieren:

- Als harte Stimmeinsätze zeigen sie Unzufriedenheit und unlustbetonte Gefühle an;
- als weiche Stimmeinsätze Zufriedenheit und Wohlbehagen.

Während die Lautäußerungen mit harten Stimmeinsätzen als echtes Schreien erhalten bleiben, entwickeln sich jene mit weichen Stimmeinsätzen über eine Art von „singenden" Schreilauten zum Lallen. Vor allem die Mutter kann diese feinen stimmlichen Nuancen sehr gut unterscheiden, womit bereits eine sehr differenzierte Kommunikation zwischen Mutter und Kleinkind möglich ist.

Vom Lallen bis zu den ersten Wörtern

Die Entwicklung der Säuglingsstimme läuft parallel mit dem Größenwachstum des Kehlkopfes unter gleichzeitiger Reifung des Zentralnervensystems bei zunehmender Funktionsfähigkeit des Gehörs. Während der ersten beiden Lebensjahre differenzieren sich die stimmlichen Leistungen, das Lallen geht über in ein Bilden von Wörtern als Mittel der sprachlichen Kommunikation. Auch auf diese vorsprachlichen Stufen, die vorwiegend durch die Entwicklung der Stimme geprägt werden, übt die sprechende Umwelt einen starken Einfluss aus, weil das Kind Melodie, Rhythmus und Betonung der Sprache früher nachahmen kann als die richtige Artikulation. Bereits in der 3. bis 4. Lebenswoche werden auffallend melodische Schreie und später in der *Lallperiode* gesangsähnliche und ausgeprägt rhythmisierende Silben beobachtet. Da Kinder bereits am Ende des 1. Lebensjahres auch eine krankhafte Stimme unbewusst nachahmen, wird die Grundlage für eine gesunde und leistungsfähige Stimme schon in der Kindheit gelegt.

Eine wichtige Vorbedingung für die Entwicklung der Stimme und der Sprache sind intensive körperliche Kontakte mit der Mutter. Kinder ohne solche intensiven Frühkontakte zeigen noch nach mehreren Jahren ein deutlich anderes Sprachverhalten. Die frühe Eltern-Kind-Beziehung ist eine Kette von fein aufeinander abgestimmten Reaktionen mit sehr reichen nichtverbalen Kommunikationsweisen auf beiden Seiten. Bei den Eltern sind genetisch verankerte Verhaltensweisen zur Pflege und Beschäftigung mit ihren Säuglingen vorhanden. Die Bezugspersonen ändern ihr gesamtes Verhalten, wenn sie sich dem Säugling zuwenden. Dies geschieht im Verhalten, in der Mimik, Gestik, Körperhaltung und vor allem in der Stimme und Sprechweise, der sogenannten „Ammensprache" oder „Babysprache".

Babysprache

Bis Anfang der 70er Jahre herrschte die Ansicht, diese Babysprache, in der Erwachsene zu kleinen Kindern sprechen, sei eine einfache, primitive, verformte, verniedlichte Erwachsenensprache ohne Regeln und eigentlich schädlich für die kindliche Entwicklung. Seitdem wurde diese *Ammensprache*, das sogenannte „Mutterische“, näher unter die Lupe genommen, und dabei kam Unerwartetes zum Vorschein. Nicht nur die Mütter, alle Erwachsenen sprechen mit Kindern anders als untereinander, und sie tun das überall auf der Welt. Die Ammensprache ist gekennzeichnet durch eine übertriebene Sprachmelodie, überdeutliche Betonung der markanten Redeteile, eine höhere Stimmlage, ein langsames Sprechtempo, einfache Satzstrukturen und häufige Wiederholungen. Die Verwendung von Verkleinerungsformen und „Babywörtern“, wie „Apfi“ oder „Wauwau“, ist zwar häufig, aber nicht das Charakteristische und wahrscheinlich das Entbehrlichste an der Ammensprache. Das Mutterische ist somit keineswegs falsch, es ist einfacher, aber durchwegs grammatikalisch richtig. Die Erwachsenen begeben sich nur auf das Verständnisniveau des Kindes und versetzen das Kind damit in die Lage, aus den komplizierten grammatikalischen Strukturen der Sprache Grundmuster zu erkennen.

Stimmliche Vorbilder

Die Leistungsfähigkeit der Stimme hängt vom genauen Zusammenspiel und der perfekten Koordination der einzelnen Teile des Stimm- und Sprechapparates ab. Diese Fähigkeit ist nur zum Teil bei der Geburt angelegt und wird in der Kindheit unter dem Einfluss der stimmlichen Vorbilder eingeübt. Dies gelingt umso sicherer, je besser diese stimmlichen Vorbilder sind und je intensiver dieses kindliche „Stimmtraining“ abläuft. Allgemein ist dabei jede Art der stimmlichen Betätigung günstig, besonders das Singen, solange es jedoch nicht zu einer Überbelastung der Stimme kommt.
Vor allem die unlustbetonten Schreie mit harten Stimmeinsätzen und oft auch gepresster Stimmgebung können zur Heiserkeit (Verschreien) führen. Dies sollte daher möglichst vermieden werden. Für die Ausbildung der Stimme günstig sind dagegen die, bald auf die Schreiperiode folgenden, lustbetonten Lallmonologe, die durch weiche Stimmeinsätze und deutliche melodische, dynamische und zeitliche Gliederung gekennzeichnet sind. Sobald die Kinder beginnen Umweltlaute nachzuahmen, werden gute sprachliche Vorbilder besonders wichtig.

Stimmbelastung in Kindergarten und Schule

Mit Fortschreiten der Entwicklung und dem Größenwachstum des Kindes erweitert sich die Modulationsfähigkeit und das Leistungsvermögen der Stimme. Vor allem im Kindergarten und in der Schule nehmen die stimmlichen Anforderungen stark zu. Prinzipiell eignen sich das Singen und alle anderen Sprechübungen gut zur Ausbildung der Kinderstimme. Das im Kindergarten und der Schule häufig praktizierte Chorsingen ist jedoch eine nicht zu unterschätzende Gefahr für die Stimme, da die Selbstkontrolle durch das Gehör weitgehend ausgeschaltet ist, und die Kinder dazu neigen, sich selbst zu überschreien. Gefährlich ist auch eine Überforderung der Stimme in der Höhe.

Kinderstimmen soll man nicht bis zum maximalen Umfang, sondern nur etwa 2 – 4 Halbtöne unter der oberen Stimmumfanggrenze singen lassen.
Eine erhebliche Stimmbelastung stellt das Sprechen in lärmbelasteter Umgebung dar. Die oft beträchtliche Lärmentwicklung in Schule und Kindergarten, besonders beim Sport, kann die Entwicklung einer Stimmstörung verursachen. Betroffen sind davon nicht nur die Kinder sondern auch die Lehrer.

Der Stimmwechsel

In der Pubertät kommt es durch die Produktion von Geschlechtshormonen zur sexuellen Reifung und zur Ausbildung der sekundären Geschlechtsmerkmale. Zu ihnen gehört auch die Stimme, deren Entwicklung parallel mit der allgemeinen Geschlechtsentwicklung verläuft.

Wachstum des Kehlkopfs

Beim Knaben führt die Produktion des männlichem Geschlechtshormons (Testosteron) auch zu einem starken *Wachstum des Kehlkopfes* (Abb. 26). Besonders stark wächst der Schildknorpel, wodurch sich der Winkel zwischen den beiden Schildknorpelplatten von ungefähr 120° beim Kind auf ungefähr 90° beim Mann verschmälert. Der Schildknorpel wächst dadurch stark nach vorne und wird außen am Hals als sogenannter Adamsapfel sicht- und tastbar. Dadurch verlängern sich auch die Stimmlippen um etwa 1 cm. Ebenso nehmen sie an Masse zu, da das Testosteron auch eine Zunahme der Muskelmasse bewirkt. Da längere und dickere Stimmlippen eine niedrigere Eigenfrequenz als die kindlichen, kurzen und massearmen Stimmlippen aufweisen, sinkt dadurch die Stimmlage um etwa eine Oktave ab. Auch bei Mädchen kommt es zu einer geringen Längenzunahme der Stimmlippen; diese beträgt jedoch nur 2 – 3 mm, und die Stimme sinkt nur um etwa eine Terz oder Quart ab.

Mutation und Stimmbruch

Während für Knaben das Mutationsalter früher mit etwa 14 Jahren angegeben wurde, ist heute der Mutationsbeginn oft bereits um das 9. bis 12. Lebensjahr festzustellen (Abb. 26). Es ist also in den letzten Jahrzehnten zu einer deutlichen Beschleunigung der Pubertätsentwicklung gekommen. Die Ursachen für diese Vorverlegung der Entwicklung sind nicht ganz klar, es werden jedoch äußere Einflüsse, wie ein geänderter Lebens- und Erziehungsstil, dafür verantwortlich gemacht, da unter Internatsbedingungen – wie z. B. bei Sängerknaben – der Eintritt der Mutation hinausgezögert werden kann.
Vom Ablauf her unterscheidet man eine Prae(Vor)mutation (ca. 9. – 12. Lebensjahr), eine eigentliche Mutation (ca. 12.–16. Lebensjahr) und eine Post(Nach)mutationsphase (ca. 16. – 18. Lebensjahr). In der eigentlichen Mutationsphase kommt es beim Knaben zu einem raschen Absinken der Stimmlage (Abb. 26 a), und es treten die bekannten Erscheinungen des *Stimmwechsels* auf: Die Stimme wird rau, heiser, brüchig, instabil und ist in der Leistungsfähigkeit eingeschränkt. Besonders typisch ist der sogenannten „Stimmbruch"; dabei kippt die Stimme zwischen der bereits männlichen, tiefen Stimmlage und der hohen Kinderstimme unkontrolliert hin und her.
Während des Stimmwechsels befindet sich der gesamte Kehlkopf in einem tief-

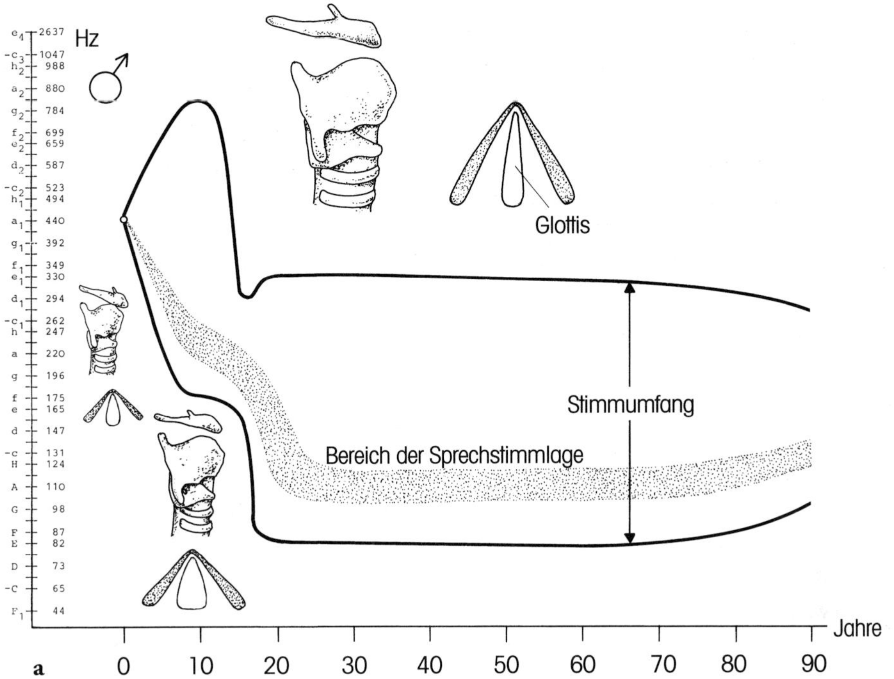

a

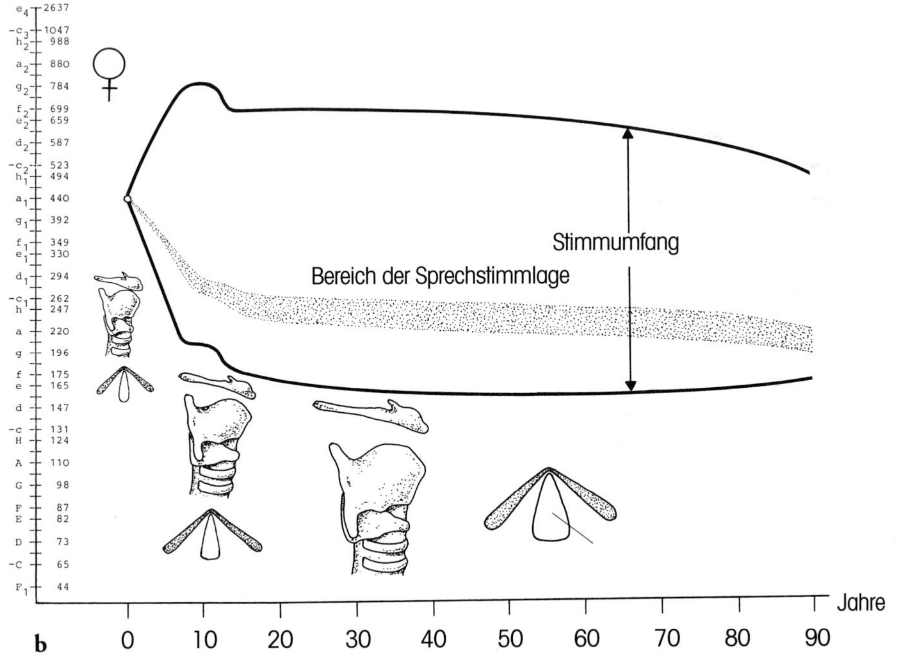

b

Abb. 26 Stimmentwicklung und Kehlkopfwachstum im Laufe des Lebens **a** bei einem Mann, **b** bei einer Frau

greifenden Umbau und damit in einem leistungsmäßig labilen Zustand mit eingeschränkter Belastbarkeit. Durch das Längenwachstum der Stimmlippen und die Zunahme der Muskelmasse im Kehlkopf stimmen die zentralnervösen Steuerimpulse und Bewegungsmuster, die auf den kindlichen Kehlkopf abgestimmt waren, nicht mehr mit dem vorhandenen Zustand überein. In einem Anpassungs- und Lernprozess muss sich nun der gesamte Steuerapparat des Stimmsystems im Gehirn auf die neuen Gegebenheiten einstellen. Dies nimmt einige Zeit in Anspruch und dauert beim Knaben durchschnittlich ein Jahr. Der Stimmwechsel setzt bei Mädchen um 1 bis 2 Jahre früher ein und verläuft wesentlich unauffälliger (Abb. 26 b). Ihre endgültige Ausprägung erhält die Stimme erst nach Abschluss der Postmutationsphase (beim Knaben im 18. Lebensjahr, beim Mädchen im 16. Lebensjahr). Erst danach bilden sich die *Stimmgattungen* (Sopran, Mezzosopran, Alt, Tenor, Bariton, Bass; s. Kap. 6) aus, und erst dann sollte mit einer professionellen Gesangsausbildung begonnen werden. Es ist eine allgemeine Erfahrung, dass Soprane unter den Knabenstimmen nach dem Stimmwechsel häufig zu Bässen, Altstimmen dagegen oft zu Tenören werden.

Mutationsstimmstörungen

Dauert der eigentliche Stimmwechsel länger als zwei Jahre und ist er nicht bis zum 16. Lebensjahr abgeschlossen, spricht man von einer *Mutationsstimmstörung*. Solche Störungen sind vor allem bei Knaben nicht selten; werden sie nicht rechtzeitig erkannt und behandelt, sind sie eine häufige Ursache für Stimmprobleme im weiteren Leben.
Eher selten ist das Ausbleiben des Stimmwechsels, die sogenannte *persistierende Knabenstimme*. Früher wurden Kastrationen an Knaben vor der Pubertät eigens zu dem Zwecke vorgenommen, den Stimmwechsel zu verhindern und damit die Kinderstimme zu erhalten (s. Kap. 7). Heute tritt eine persistierende Knabenstimme jedoch nur mehr bei Erkrankungen auf, bei denen aufgrund einer Störung die normale Hormonproduktion ausbleibt. Die Stimme ist dabei natürlich nur ein Symptom der insgesamt gestörten Geschlechtsentwicklung. Obwohl diese Störungen relativ selten sind, muss bei jeder Mutationsstimmstörung zuerst eine hormonelle Erkrankung ausgeschlossen werden.
Wesentlich häufiger ist ein *unvollständiges Absinken der Sprechstimmlage*, ohne dass sich ein organischer Defekt nachweisen lässt; bei völlig ungestörter allgemeiner Geschlechtsentwicklung sinkt die Kinderstimme nur um etwa eine halbe Oktave ab und bleibt somit nach Abschluss des Stimmwechsels in einer Stimmlage zwischen der normalen Männerstimme (100 – 150 Hz) und Frauenstimme (200 – 250 Hz). Diese etwas zu hohe Stimmlage wird beim persönlichen Gespräch vom Gesprächspartner meist nicht als abnorm wahrgenommen, da der optische männliche Eindruck den akustischen überwiegt. Dies fällt jedoch z. B. am Telefon weg und die Betroffenen werden oft mit „Frau“ angesprochen.
Ursache einer solchen *unvollständigen Mutation* kann eine Stimmüberlastung während des Stimmwechsels sein (ein sogenanntes „Durchsingen“), ein gestörtes Zusammenspiel der verschiedenen Kehlkopfmuskel oder auch eine mangelhafte Hörkontrolle. Nach dem Abschluss des hormonell ausgelösten Kehlkopfwachstums muss die „neue Stimme“ unter Hörkontrolle neu aufgebaut und eingeübt

werden. Ist diese Hörkontrolle in Folge von Schwerhörigkeit oder auch hochgradiger Unmusikalität gestört, ist auch dieser Neuanpassungsprozeß verzögert oder sogar unmöglich. Bei tauben oder auch schwachsinnigen Jugendlichen verläuft die Mutation in der Regel gestört.
Die auffälligste Mutationsstimmstörung ist die sogenannte *Mutationsfistelstimme.* Dabei wird trotz ungestörten Kehlkopfwachstums und ohne hormonelle Abweichung die Stimmlage noch höher als die der Kinderstimme. Die Ursache ist eine unbewusste starke Aktivierung der Stimmlippenspanner auf psychischer Grundlage. Psychische Faktoren spielen in der Stimmentwicklung gerade in der sensiblen Phase der Pubertät eine wesentliche Rolle. Besonders die Stimme ist für den heranwachsenden Knaben das Zeichen des „Mannwerdens" und ist somit bevorzugter Symptomträger einer Pubertätskrise. Oft halten daher Jugendliche mit starker Mutterbindung zäh an der Kinderstimme fest.

Stimmstörungen bei Mädchen

Alle genannten Mutationsstimmstörungen kommen prinzipiell auch bei Mädchen vor, sind dort allerdings wesentlich seltener und auch unauffälliger. Eine spezielle Störung stellt die sogenannte *„perverse Mutation"* des Mädchens dar. Dabei kommt es durch den Einfluss männlicher Geschlechtshormone zu einer *Stimmvermännlichung.* Es spielt dabei keine Rolle, ob die Vermehrung der männlichen Geschlechtshormone durch eine Erkrankung (z. B. hormonproduzierender Tumor) oder durch äußere Zufuhr von Hormonpräparaten entsteht. Besonders unangenehm an dieser Störung ist, dass eine einmal eingetretene Stimmvermännlichung nicht mehr rückgängig gemacht werden kann.
Die Sensibilität des weiblichen Kehlkopfes für männliche Geschlechtshormone bleibt auch über die Pubertät hinaus erhalten, d. h. auch bei der erwachsenen Frau kann die Zufuhr von männlichen Geschlechtshormonen eine nicht mehr rückgängig zu machende Stimmabsenkung bis auf männliches Niveau bewirken. Aufgrund dieser schwerwiegenden Nebenwirkung sollten männliche Geschlechtshormone bei Frauen nur in ganz speziellen Fällen und unter strenger Abwägung aller Umstände verabreicht werden. Ein besonders krasses Beispiel sind die als Dopingmittel verwendeten „Anabolika", die muskelaufbauende und leistungssteigernde Wirkung haben, als Nebenwirkung aber zu starken Vermännlichungserscheinungen bei der Anwenderin führen.

Vorbeugung einer Stimmstörung

Die beste Vorbeugung gegen die Entstehung einer Mutationsstimmstörung ist ein richtiges Verhalten während des Stimmwechsels. Dazu gehört vor allem die Vermeidung von stimmlicher *Überforderung* durch die Beachtung der eingeschränkten Leistungsfähigkeit während der Mutation. Während man früher das Singen in der Zeit des Stimmwechsels prinzipiell ablehnte, ist man jetzt der Meinung, dass unter Berücksichtigung der individuellen Stimmleistung Singen mit eingeschränktem Stimmumfang möglich ist. Chorsingen ist aus den bereits erwähnten Gründen oft stimmbelastend, besonders wenn der relativ große Stimmumfang in der Prämutationsphase vom Chorleiter „ausgenützt" und die Einschränkung der Leistungsfähigkeit und Absenkung der

Stimmlage nicht beachtet werden. Für die Entstehung von Mutationsstimmstörungen spielen gerade in diesem Lebensalter der Stimmmissbrauch in lärmreicher Umgebung, in der Schule, Freizeit und beim Sport, eine wichtige Rolle.

Die Stimme im mittleren Lebensalter

Im mittleren Lebensalter, d. h. vom 20. bis etwa zum 50. Lebensjahr, erreicht die Stimme ihren größten Leistungsumfang. Der Stimmumfang beträgt normalerweise etwa zwei Oktaven, bei ausgebildeten Stimmen jedoch bis über drei Oktaven. Während die Pubertät für das männliche Geschlecht durch die stärkeren, hormonell bedingten Stimmveränderungen eine kritische und sensible Phase der Stimmentwicklung darstellt, sind im mittleren Lebensalter vor allem die Frauen von hormonellen Umstellungen betroffen.
Bei der Frau kommt es infolge der zyklischen Hormonschwankungen im Rahmen des *Menstruationszyklus* auch zu Auswirkungen auf die Stimme. Die weiblichen Geschlechtshormone wirken sich auf den Wasser- und Elektrolythaushalt des Gesamtkörpers aus und verändern daher die Gewebsspannung. Dies führt zu veränderten schwingungsmechanischen Eigenschaften im Bereich der Stimmlippen. Viele Frauen, insbesondere Sängerinnen, klagen über Stimmveränderungen und Stimmschwierigkeiten knapp vor oder in der Zeit der Regelblutung. Dies ist eine in der Gesangspädagogik altbekannte Tatsache: In früheren Zeiten wurden Sängerinnen in der Zeit der Menstruation von den Opernhäusern vom Auftritt befreit. Heute im Zeitalter der Engagementverpflichtungen ist dies nicht mehr möglich und üblich, und nicht selten haben Stimmschwierigkeiten bei Sängerinnen ihre Ursache in diesen hormonellen Stimmschwankungen.
Eine große hormonelle Umstellung stellt auch eine *Schwangerschaft* dar. Diese hat jedoch in den allermeisten Fällen zumindest in der Frühschwangerschaft keine negativen Auswirkungen auf die Stimme, ganz im Gegenteil, häufig berichten Sängerinnen darüber, dass ihre Stimme in der Schwangerschaft an Kraft und Brillanz gewonnen hätte.

Die Altersstimme

Die Stimme ist unmittelbarer Ausdruck der Persönlichkeit und der gesamtkörperlichen Konstitution. Daher kann die Stimmentwicklung nicht isoliert vom Gesamtalterungsprozess betrachtet werden: Mit fortschreitendem Alter kommt es zu einer Fülle verschiedenartiger Veränderungen, wie Abnahme der Elastizität des Bindegewebes, Abnahme der Muskelkraft, Einschränkung der Atemfunktion, Verdünnung der Haut und der Schleimhäute, Trockenheit der Schleimhäute, Abnahme der Genauigkeit der zentralnervösen Koordination, Einschränkung der Hörschärfe usw. Alle diese Veränderungen bedingen, dass auch die Stimmqualität und Leistungsfähigkeit im Laufe des Lebens abnehmen. Die typische Altersstimme ist meist schwächer, dünn und nimmt einen spröden, brüchigen Klang an, der manchmal „blechern“ wirkt und dann durch seine starrschrille Höhe den Eindruck der Schwäche überdeckt. Sehr typisch ist das Auftreten eines *Alterstremolos*, d. h. einer Schwankung der Stimme, die seine Ursache in der mangelhaften Kontinuierlichkeit des Atemstromes, aber auch in der gestörten Steuerung des Kehlkopfes hat, analog dem Zittern der Hände.

Wie auch der allgemeine Altersprozess ist gerade die Stimmfunktion großen individuellen Schwankungen unterworfen. So kann eine gut ausgebildete Stimme bis in das hohe Lebensalter hinein voll funktionstüchtig bleiben bzw. an Charakter und Persönlichkeit gewinnen, wie das Beispiel zahlreicher alternder Schauspieler zeigt. Allgemein ist die Stimme ein sehr feiner Indikator für das biologische Alter ihres Trägers: Selbst ungeschulte Versuchspersonen, denen Tonbandbeispiele von Sprechern verschiedener Altersstufen vorgespielt wurden, konnten allein aus dem Anhören der Stimme sehr genau das Alter des Sprechers abschätzen.

Stimmveränderungen im Klimakterium

Eine eigenständige und vom allgemeinen Altersprozess eher losgelöste Problematik stellen Stimmveränderungen bei Frauen im *Klimakterium* dar. Das allmähliche Einstellen der Geschlechtshormonproduktion, etwa um das 50. Lebensjahr herum, bedingt eine tiefgreifende hormonelle Umstellung mit vielfältigen Auswirkungen auf Stoffwechsel und Psyche. Durch den Ausfall der produzierten weiblichen Geschlechtshormone gewinnen die auch bei der Frau produzierten geringen Mengen an männlichen Hormonen relativ die Überhand. Es kommt daher bei vielen Frauen im Wechsel zu leichten Vermännlichungserscheinungen, wie Oberlippenbehaarung und Tieferwerden der Stimme.

Während die Stimmveränderungen im Rahmen der vielfältigen Wechselbeschwerden üblicherweise als nicht besonders schwerwiegend erlebt werden, sind sie für Sängerinnen oft von entscheidender Bedeutung. Insgesamt kommt es zu einer Einengung des Stimmumfangs, wodurch vor allem die hohen Frauenstimmen, wie Sopran und Koloratursopran, ihre Höhe verlieren. Dies kann das Ende der aktiven Bühnenlaufbahn bedeuten.

Greisendiskant

Die männliche Sprechstimme neigt im Gegensatz zu der weiblichen dazu, im Alter eher höher zu werden (Greisendiskant), sodass sich die greisen Stimmen von Männern und Frauen weitgehend annähern (Abb. 26). Oft ist es daher nicht möglich, nur vom akustischen Vergleich her greise Männer und Frauenstimmen zu unterscheiden, wobei dieser Eindruck durch das oft vorhandene Alterstremolo noch verstärkt wird.

4 TIERSTIMMEN UND EVOLUTION DER MENSCHLICHEN STIMME

—◡◡—◡—— Aus „Fisches Nachtgesang"
Ch. Morgenstern

Gegenseitige Verständigung bildet die Grundlage für ein Zusammenleben sowohl unter Tieren als auch in der menschlichen Gesellschaft: als Artgenossen, als Geschlechtspartner, als Nachkommen, aber auch als Rivalen. Zusammenleben erfordert gemeinsames Handeln, es erfordert, dass die Partner miteinander kooperieren. Sie müssen sich über Handlungsziele einigen, sie müssen aber auch ihre Stimmungen, Triebe und die Bereitschaft zu einer bestimmten Handlung erkennen lassen. Eine funktionierende *Kommunikation* ist daher für jedes Lebewesen eine Überlebensfrage und in der Entwicklungsgeschichte der Lebewesen wurden zahlreiche Strategien dafür entwickelt. Die Kommunikation kann mit Hilfe chemischer Signale (z. B. Sexuallockstoffe), mechanischer Signale (z. B. Vibrationen), optischer Signale (z. B. Balzsignale) und schließlich akustischer Signale erfolgen.

Akustische Signale

Die akustische Verständigung wurde, da es sich offensichtlich um eine energetisch sehr günstige Form der Signalübermittlung handelt, in der Evolution der Lebewesen mehrfach entwickelt: z. B. bei Insekten durch Reiben oder Vibrieren bestimmter Körperteile oder bei Fischen durch Klopfen der Flossen auf den Körper. Bei den Wirbeltieren und vor allem bei den Säugetieren tritt die akustische Kommunikation mit Hilfe von Stimmen, die durch den Luftstrom gebildet werden, in den Vordergrund.

Die Lautäußerungen der Säugetiere kommen aber selbst bei hochentwickelten Tieren nicht entfernt an die Vielfalt der menschlichen Sprache heran. Versuche haben gezeigt, dass höhere Affen wohl gesprochene Worte akustisch wahrnehmen und ihnen zum Teil sogar eine Bedeutung zuordnen können, dass sie aber nicht fähig sind, Worte zu artikulieren.

Da Affen die anatomischen Voraussetzungen eines Stimmorgans, nämlich Atmungsapparat, Kehlkopf mit Stimmlippen, Mundraum, aufweisen, stellt sich die Frage nach dem Grund für das Unvermögen einer komplexeren Artikulation.

- Existieren doch gravierende Unterschiede im anatomischen Aufbau des Stimmorgans von Affen und Menschen?
- Oder liegt der entscheidende Unterschied in der Steuerung begründet, im höher entwickelten Gehirn des Menschen?

Dem zweiten Argument stünde gegenüber, dass Tiere geringerer Gehirnkapazität, wie etwa einige Vogelarten, sehr wohl

Worte und Sätze verständlich wiedergeben können.
In welcher Entwicklungsstufe hat sich die Artikulationsfähigkeit ausgebildet? Es ist klar, dass eine, selbst primitive, Sprache einen gewaltigen Vorteil gegenüber konkurrierenden, nichtsprechenden Gruppen bedeutete und somit die weitere Entwicklung beeinflusste und vielleicht auch beschleunigte.

Warum können Affen nicht sprechen?

Das Unvermögen von Tieren, der menschlichen Sprache ähnliche Laute erzeugen und damit kommunizieren zu können, wurde lange Zeit nicht untersucht. Man war der Meinung, dass Sprache etwas einmaliges, nur dem Menschen gegebenes ist. Für den französischen Philosophen *Descartes* war die Sprachfähigkeit der Beweis für die menschliche Seele, denn nur diese könne eine Sprache hervorbringen.
In der Folge vermeinte man, dass die mangelnde Artikulationsfähigkeit auf einen beschränkten Steuerungsmechanismus zurückzuführen sei. Das Gehirn von Menschenaffen ist nicht hoch genug entwickelt, um den komplizierten Mechanismus einer Stimmgebung koordinieren zu können. Diese Meinung wurde dadurch unterstützt, dass anatomisch im knorpeligen und muskulösen Aufbau des Kehlkopfes von Menschen und Menschenaffen keine großen Unterschiede gefunden wurden.
Der Kehlkopf und die darin verankerten Stimmlippen machen nur einen Teil der Stimmgebung aus (s. Kap. 2). Erst vor etwa dreißig Jahren wurde begonnen, die *Vokaltrakte* von Säugetieren und Menschen in ihrer stimmlichen Funktion genauer zu vergleichen. Und hier ergibt sich ein gravierender Unterschied (Abb. 27):

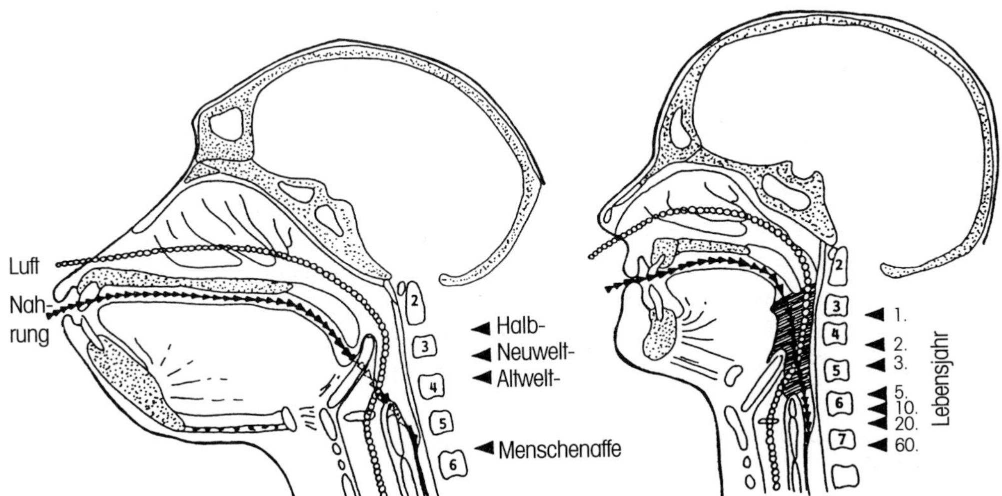

a b

Abb. 27 Querschnitt des Vokaltrakts von Affe (**a**) und Mensch (**b**). Schematisch eingezeichnet ist bei Affen ein Absenken des Kehlkopfes im Laufe der Höherentwicklung von den Halbaffen zu den Menschenaffen. Beim Menschen ist die Absenkung des Kehlkopfes im Laufe des Alters zu sehen.

Bei fast allen höheren Säugetieren befindet sich der Kehlkopf weit oben im Hals, er liegt den ersten drei Halswirbeln gegenüber. Der Kehlkopf reicht damit bis in den Nasen-Rachen-Raum hinein, der Kehldeckel berührt das Gaumensegel. Beim Menschen jedoch liegt der Kehlkopf tiefer im Hals, etwa gegenüber dem vierten bis siebenten Halswirbel. Damit reicht der Kehldeckel nicht mehr bis zum Gaumensegel, sondern es ist oberhalb der Stimmbänder ein zusätzlicher Raum entstanden. Dieser bildet mit dem eigentlichen Mundraum einen beträchtlich verlängerten Vokaltrakt.

Der stimmbildnerische Vorteil dieses zusätzlichen Raums ist in den 60er Jahren vom amerikanischen Linguisten *P. Liebermann* und seinen Kollegen eindrucksvoll demonstriert worden, indem sie bestimmte Formanten als Hauptcharakteristikum einer Vokalbildung verglichen (Abb. 28). Der interessanteste Aspekt dieser Forschungen war die Untersuchung, zu welchem Formantenbereich Menschenaffen anatomisch fähig wären. Dazu hat man bei toten Affen die größtmögliche Variation des Mundraumes bestimmt und diese Daten in ein Computerprogramm eingespeist, das aus der geometrischen Form eines Hohlraums die Grundfrequenzen dieses Resonanzkörpers berechnet (Abb. 28). Es zeigt sich, dass Affen wohl zu einer etwas größeren Artikulationsbreite fähig wären, dass diese aber nicht annähernd an menschliche Möglichkeiten heranreicht. Die hohe Lage des Kehlkopfes bei Säugetieren und insbesondere bei Affen begrenzt anatomisch eine variable Stimmerzeugung, wie sie dem Menschen eigen ist!

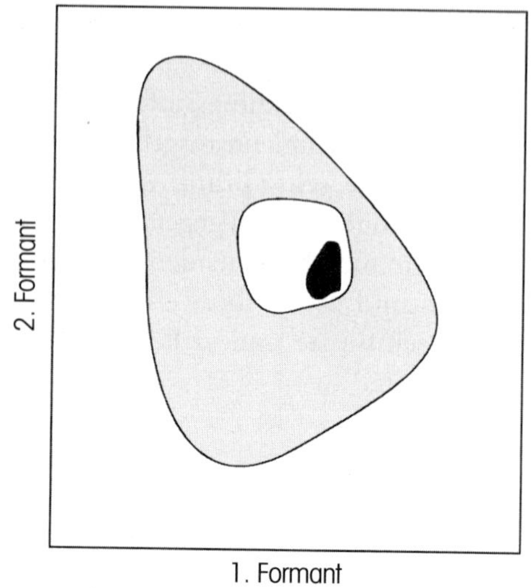

Abb. 28 Bereiche des 1. und 2. Formanten von Menschenaffen (dunkle Fläche) und Menschen (punktierte Fläche). Die weiße Fläche gibt den Formantbereich an, zu dem Affen aufgrund ihrer anatomischen Gegebenheiten fähig wären.

Die hohe Lage des Kehlkopfes hat aber einen Vorteil: Sie bewirkt, dass der Kehldeckel das Gaumensegel berührt (s. Abb. 27) und den Weg zwischen Nasenraum und Lunge freigibt. Dadurch kann die Nahrung links und rechts des Kehlkopfes in die Speiseröhre gelangen, Nahrungs- und Luftweg überkreuzen einander nicht; diese Tiere können gleichzeitig atmen und schlucken. Das ungestörte Atmen durch die Nase ermöglicht ihnen auch, während der Nahrungsaufnahme zu riechen, eine für Beutetiere überlebenswichtige Eigenschaft in der freien Wildbahn.
Extrem ist die Trennung zwischen Luft- und Speisewegen bei den wasserlebenden Säugetieren, den Walen, bei denen der Kehldeckel eine geschlossene Röhre bildet. Auch bei den Schlangen liegt der Kehlkopf so hoch, dass er als geschlossene Röhre bei geöffnetem Mund sichtbar wird (Abb. 29).

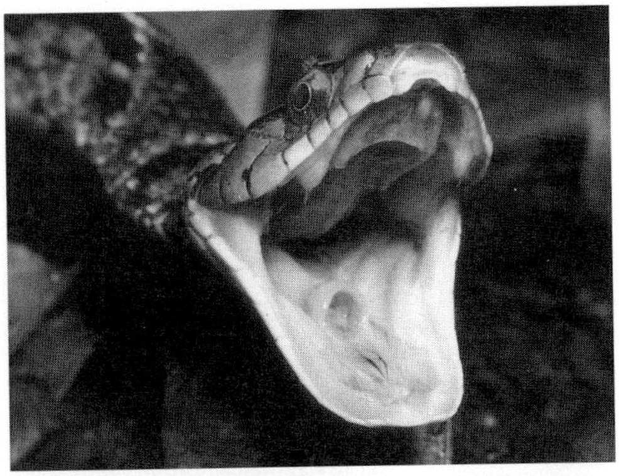

Abb. 29 Kopf einer Krötennatter. Deutlich sichtbar ist die weit in die Mundhöhle verlagerte Öffnung der Luftröhre.

Entwicklungsgeschichtlich erfolgt die Senkung des Kehlkopfes analog der aufsteigenden Wirbeltierreihe. Das heißt, von allen Säugetieren haben die Menschenaffen die relativ tiefste Position des Kehlkopfes, ohne jedoch einen Zustand wie beim erwachsenen Menschen zu erreichen.

Bei einem tieferliegenden Kehlkopf kreuzen die beiden Wege in dem für die Stimmbildung so bedeutsamen Rachenraum oberhalb des Kehlkopfs: Der Mensch muss achtgeben, dass er sich nicht durch Nahrungsteile in der Luftröhre „verschluckt". Diese, manchmal tödliche Gefahr war der Preis für die Entwicklung der Stimme.

Auch die *Stimmlippen* zeigen in ihrem anatomischen Aufbau den Funktionswechsel vom primären Verschlussorgan bei den Tieren zum stimmbildenden Organ bei den Menschen. So ist beim Menschen im Gegensatz zu den höheren Säugetieren der schwingungsfähige vordere Anteil der Stimmlippen auf Kosten des hinten gelegenen knorpeligen Anteils maximal verlängert. Dies bedingt jedoch, dass die Stimmritze beim Menschen nicht in dem Ausmaß wie beim Tier geöffnet werden kann, d. h. der Luftdurchsatz durch den Kehlkopf ist begrenzt und auch die Sicherung des freien Atemweges ist beim Menschen letztlich geringer als bei Tieren.

Bemerkenswert ist weiters die Relation zwischen dem *Querschnitt des Kehlkopfes* und dem der *Luftröhre.* Bei den Säugetieren ist der Gesamtquerschnitt des geöffneten Kehlkopfes im Vergleich zur Luftröhre deutlich größer als beim Menschen. Eine besonders ausgeprägte Fähigkeit, den Kehlkopf weit zu öffnen, haben Fluchttiere, wie z. B. Pferde, Gazellen, also Tiere, bei denen das Überleben von einem möglichst großen und unter allen Umständen gesicherten Luftdurchsatz durch Kehlkopf und Luftröhre abhängig ist. Der ungarische Anatom *J. Nemai* stellte bereits 1913 diese Unterschiede in umfangreichen vergleichend-anatomischen Untersuchungen fest und fasste sie wie folgt zusammen:

> Die stimmliche Mehrwertigkeit des Menschen hat einer Minderwertigkeit für die Atmung Platz gemacht.

Auch der englische Anatom *V. E. Negus* kam bei seinen Studien zu ähnlichen Ergebnissen und formulierte 1928 sehr einprägsam:

> Der Mensch gleicht einem Auto mit einem starken Motor, guter Kraftübertragung, aber gedrosselter Lufteinströmung in den Vergaser.

Entsprechend dem sogenannten *biogenetischen Grundgesetz* (*Ernst Haeckel*, 1834 – 1919), dass sich die evolutionäre Entwicklung einer Gattung in der individuellen Entwicklung eines Lebewesens wiederholt, zeigen menschliche Embryos und auch Neugeborene und Säuglinge noch einen Kehlkopfaufbau, der mehr dem der höheren Säugetiere gleicht als dem des erwachsenen Menschen (s. Abb. 27).

Wann lernte der Mensch sprechen?

Die Wiederholung der Entwicklungsgeschichte des Menschen in der Entwicklung des einzelnen Lebewesens lässt sich sehr eindruckvoll in der körperlichen Entwicklung nachweisen: Z. B. bilden sich auch bei menschlichen Embryos in einem sehr frühen Entwicklungsstadium Kiemenfurchen aus. Dieses biogenetische Grundgesetz lässt sich aber auf die Entstehung der menschlichen Sprache nicht anwenden. Die frühen Menschen mussten die Sprache aus sich heraus ohne Vorbilder als echte Neuschöpfung entwickeln, während das Kleinkind Sprache in einer sprechenden Umwelt erwirbt. Wird dem Kind in der für die Sprachentwicklung sensiblen Phase der Gehirnentwicklung – also zwischen dem 1. und 4. Lebensjahr, spätestens jedoch bis zum Abschluss der Pubertät – keine ausreichende Sprache angeboten, so kann der Mensch keine differenzierte Sprache im engeren Sinne erwerben.

Doch welchem unserer Vorfahren gelang der Schritt, eine Sprache zu entwickeln? War es der Homo erectus, der gerade aufrecht zu gehen gelernt hatte, war es der Neandertaler oder erst der moderne Mensch (Homo sapiens)?

Eine konkrete Antwort auf diese Frage war bis vor wenigen Jahren nicht möglich, da man aus den wenigen Knochenfunden nicht auf Eigenschaften, wie die Sprachfähigkeit, schließen konnte. Die Erkenntnis, dass komplexe Lautbildung mit einem tiefer sitzenden Kehlkopf verbunden ist, hat allerdings auch die Beantwortung dieser Fragen ermöglicht.

Es sind zwar bei Skelettfunden keine Knorpelreste des Kehlkopfes, geschweige seine Lage im Rachenraum, zu erkennen

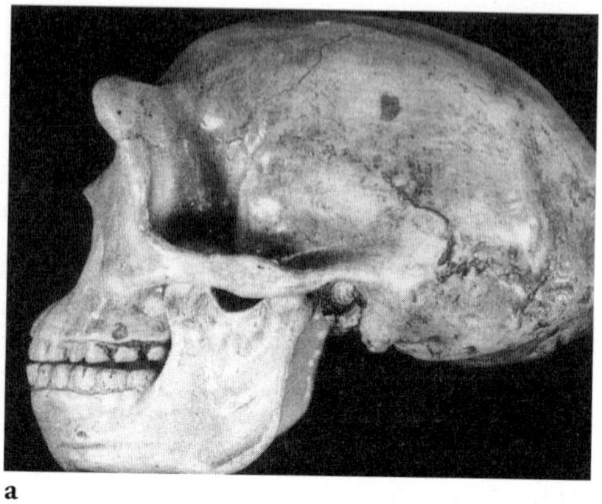

a

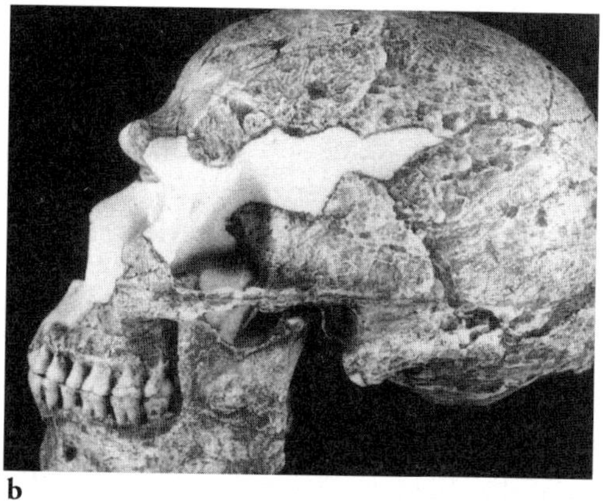

b

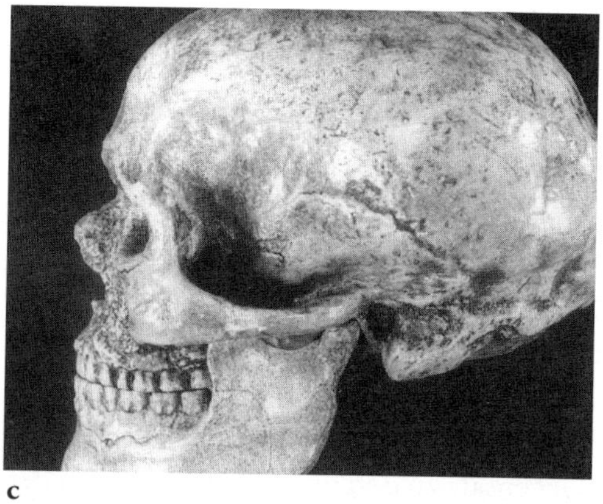

c

Abb. 30 Schädelknochen **a** eines Homo erectus (400.000 bis 500.000 Jahre alt) **b** eines frühen Homo sapiens (35.000 bis 45.000 Jahre alt), **c** eines Cro-Magnon-Menschen (20.000 bis 30.000 Jahre alt).

gewesen, jedoch konnte folgender Befund genutzt werden: Der Kehlkopf ist durch zahlreiche Muskeln und Sehnen in seiner Position gehalten; ein Großteil dieser Muskeln ist an der Schädelbasis verankert. Der entscheidende Durchbruch gelang dem Amerikaner *E. S. Crelin* mit der Entdeckung, dass ein tiefliegender Kehlkopf mit einer nach unten gewölbten Schädelbasis zusammenhängt, ein hochliegender mit einer flachen Basis.
Aufgrund dieser Erkenntnis haben die beiden Anatomen *Crelin* und *Laitman* mit Mitarbeitern die Schädelknochen von Fossilfunden untersucht und festgestellt:

Der *Australopithecus africanus*, der vor etwa 2 bis 3 Millionen Jahren lebte, und auch der bereits aufrecht gehende Mensch (*Homo erectus*, vor 1,6 Millionen bis etwa 200.000 Jahren, Abb. 30 a) waren nicht sprachfähig. Die Entwicklung einer differenzierteren Lautbildung fand während der Zeit der Neandertaler statt (vor etwa 120.000 bis 40.000 Jahren, Abb. 30 b). Wobei nach heutiger Einteilung der Neandertaler bereits zur Klasse Homo sapiens gezählt wird, allerdings zu einer Nebenlinie und nicht zu einem Vorfahren des modernen Menschen (*Homo sapiens sapiens*).

Eine genauere zeitliche Eingrenzung des Entstehens der menschlichen Sprache ist derzeit noch nicht möglich. In Israel ist jedoch vor kurzem ein gut erhaltenes Zungenbein gefunden worden, das etwa 60.000 Jahre alt ist und andeutet, dass damals der Sprachentwicklungsprozess bereits abgeschlossen war. Beim modernen Menschen, beim *Cro-Magnon-Menschen* (Abb. 30 c), war die Sprachfähigkeit sicherlich bereits der heutigen sehr ähnlich. Abb. 30 zeigt auch, dass parallel zu der Ausbildung der Schädelbasiswölbung auch eine Vergrößerung des Gehirnvolumens erfolgte. Ob diese Erweiterung, insbesondere des Großhirns, durch die neu eröffneten Möglichkeiten einer Sprachbildung und den damit verbundenen benötigten Steuerungsmechanismus ausgelöst oder beschleunigt wurde, kann nur vermutet werden.

Warum können Papageien sprechen?

Kaum eine Tierart ist ganz stumm. Viele Tiere verständigen sich mit Geräuschen, um etwa zu drohen, zu warnen oder eine Partnerbereitschaft anzuzeigen. In diesem Abschnitt sollen aus den verschiedensten Geräuscherzeugungsmöglichkeiten (Zirpen von Grillen, Ultraschallaussendung von Fledermäusen, Flossenschlagen auf die Schwimmblase von Fischen) nur jene besprochen werden, deren Erzeugungsmechanismus ähnlich dem der menschlichen Stimme abläuft.
Frösche und *Kröten* sind die einfachsten Tiere, die Geräusche durch stimmlippenähnliche Membranen erzeugen und vor allem durch einen Vokaltrakt verstärken können. Dieser Vokaltrakt wird häufig durch einen oberhalb der schwingenden Membranen liegenden resonanten Luft-

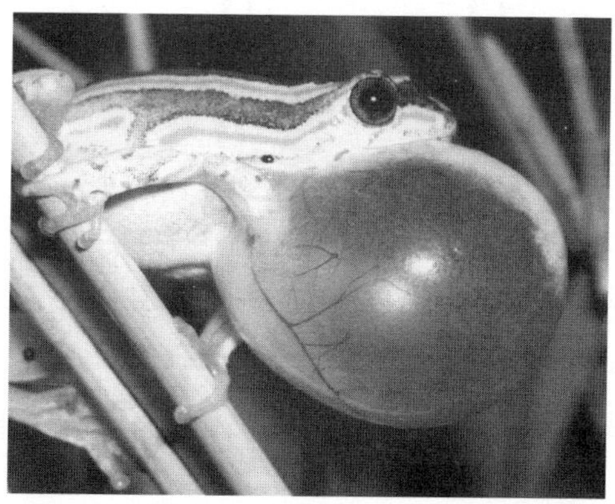

Abb. 31 Riedfrosch

sack erweitert, womit eine entsprechende Lautstärke und Reichweite des Klangs erreicht werden kann (Abb. 31). Diese Technik wenden auch Affen wie die *Riesengibbons* (Abb. 32) oder die *Brüllaffen* an, wobei in diesem Fall die oberhalb der Stimmlippen liegenden Morgagni-Taschen zu einem Brüllsack erweitert sind.

Säugetiere besitzen sehr ähnliche Lautinstrumente: Einen, auch dem des Menschen sehr ähnlichen Kehlkopf, der allerdings sehr hoch im Halse liegt, und einen mehr oder weniger ausgeprägten Vokaltrakt. Individuelle Unterschiede ergeben sich in der relativen Größe und Ausgestaltung der einzelnen Komponenten. *Huftiere* haben breite, undifferenzierte Stimmlippen, deren Schwingungsfähigkeit schon von der Form her eingeschränkt ist. Bei *Rindern* wird die Stimme sowohl beim Ausatmen als auch beim Einatmen erzeugt. *Pferde* wiehern nur beim Einatmen, *Esel* erzeugen das „i" beim Ein-, das „a" beim Ausatmen. *Löwen* erzeugen ihr schreckerfüllendes Gebrüll, indem sie die durch die Stimmlippen erzeugten Schwingungen durch ein weit aufgerissenes Maul maximal verstärken. *Katzen* weisen gerundete, kürzere Stimmlippen auf, wobei

Abb 32 Riesengibbon oder Siamang

durch das Fehlen der Morgagni-Taschen keine freie Schwingungsfähigkeit der Stimmlippen gegeben ist.

Um einen noch kräftigeren Kehlkopfverschluss zu ermöglichen, zeigt sich bei den baumbewohnenden *Affen* erstmals eine Weiterentwicklung des Kehlkopfes mit der Ausbildung von paarigen Stimm- und Taschenfalten und einer dazwischenliegenden Morgagni-Tasche. Dies ist bedingt durch die Notwendigkeit, den Brustraum durch den festen Kehlkopfverschluss zu

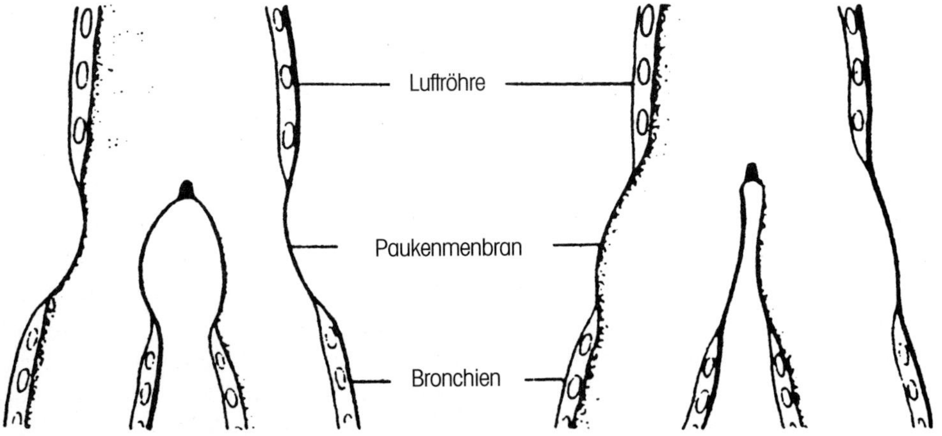

Abb. 33 Syrinx eines Vogels

stabilisieren, um der kräftigen Arm- und Schultermuskulatur ein gutes Widerlager für das Klettern zu geben. Durch die Entwicklung der Kehlkopfventrikel treten bei den Affen erstmals zarte, gut schwingungsfähige Stimmlippen auf; diese sind jedoch scharf und bogenförmig zugespitzt, um einen besonders festen Stimmlippenverschluss zu ermöglichen. Die Stimme ist daher schrill und kreischend. Erst beim Menschen tritt zusätzlich eine hochdifferenzierte Stimmlippenstruktur auf, die auf die großen stimmlichen Fähigkeiten hinweist.

Vögel haben wohl einen Kehlkopf am oberen Ende der Luftröhre, jedoch sind keine Stimmlippen eingebettet; Vögel haben zur Lautbildung ein eigenes Organ, die *Syrinx*, entwickelt. Diese besteht aus dünnen, vibrierenden Häuten, den sogenannten *Paukenmembranen*, die nahe der Gabelung der Luftröhre in die Bronchien diese innen und außen begrenzen (Abb. 33). Die Syrinx ist in einem Luftsack eingebettet, wobei durch einen erhöhten Luftdruck die Membranen nach innen gewölbt werden können. Dadurch werden in den Bronchien zwei Engstellen erzeugt, und die durchströmende Luft regt die Membranen zu Schwingungen an, wobei der Mechanismus derselbe ist wie bei den menschlichen Stimmlippen.

Aufgrund der zwei Bronchien erzeugen Vögel im Prinzip zwei Töne. Da die Paukenmembranen auch durch Muskeln gespannt werden können, können bestimmte Vogelarten die Membranen im linken und rechten Bronchus sogar unterschiedlich stark straffen. Sie können damit gleichzeitig zwei verschiedene Töne erzeugen, d. h. sie können „mit sich selbst" ein Duett singen.

Die von Vögeln erzeugten Klänge sind zu einem großen Anteil reine, sinusartige

Abb. 34 Ara

Töne, ihnen fehlt der große Obertonreichtum etwa der menschlichen Stimme. Diese frequenzmäßig stabilen Tönen werden oftmals zu charakteristischen Tonfolgen, Melodien, zusammengesetzt. Die Tonfolgen können angeboren sein, z. B. das „Kikeriki" des Hahns oder das „Kuckuck" des gleichnamigen Vogels.

Bei verschiedenen Arten wird die Melodie, der dem Vogel eigene Gesang, aber erst erlernt. Ein typisches Beispiel dafür ist der *Buchfink*: Während der ersten Jahre seines Lebens kann er bis zu sechs verschiedene Lieder von den erwachsenen Vögeln lernen. In Isolation aufgezogene Vögel entwickeln nur einen sehr monotonen Gesang. Erfolgt die Zusammenführung mit den Artgenossen nach seinem 1. Lebensjahr, ist es dem Buchfink nicht mehr möglich, die verschiedenen Melodien zu erlernen.

Das heißt, es gibt für Buchfinken und die meisten lernfähigen Vögel eine bestimmte, zeitlich begrenzte Lernphase. Es gibt allerdings auch Ausnahmen, die während des gesamten Lebens Lernfähigkeit besitzen. Untersuchungen haben gezeigt, dass – ähnlich dem Menschen – die Melodien nur in einer Gehirnhälfte bevorzugt gespeichert sind. Bemerkenswert ist auch die Ähnlichkeit zwischen Menschen und Vögeln bezüglich der Lernphase: Der amerikanische Psychologe *Lenneberg* zeigte, dass es in der Entwicklung des Menschen eine *kritische Periode* für den Spracherwerb gibt, nämlich etwa zwischen dem 2. und 12. Lebensjahr. Je früher der Spracherwerb erfolgt, desto genauer werden spezielle Sprachkomponenten und feine Nuancen der Muttersprache und sogar eines Dialektes nachgeahmt. Eine im Erwachsenenalter erlernte Fremdsprache kann fast nie ohne Akzent gesprochen werden.

Die Fähigkeit bestimmter Vogelarten, den Gesang der Artgenossen nachzuahmen und zu erlernen, kann sich auf beliebige Geräusche und Tonfolgen ausdehnen. So können Vögel auch „Fremdsprachen" erlernen, indem sie den Gesang anderer Vogelarten nachahmen, sie können aber auch lediglich ständig wiederkehrende Geräusche aufnehmen (zum Beispiel das Knarren oder Quietschen eines im Wind bewegten Tores, das sich in der Nähe des Nistplatzes befindet).

Diese Nachahmungsfähigkeit, die in ihrer Genauigkeit oft nicht einmal vom Menschen erzielt werden kann, erreicht ihren Höhepunkt, wenn Vögel von Menschen erzeugte Laute wiedergeben: Z. B. ist die Sprachfähigkeit von *Papageien* legendär (Abb. 34), aber auch *Krähenvögel* und besonders *Beos*, die zu der Familie der Stare gehören, können menschliche Worte und Sätze in erstaunlichem Maße erlernen. Allerdings muss dazu das zu lernende Wort sehr häufig wiederholt werden – nur selten lernen Vögel nach mehrmaligem oder gar einmaligem Vorsprechen.

Vor allem aber verbindet der Vogel keinerlei Bedeutung mit dem Gelernten, er lernt es ohne Sinn und gibt es automatisch wieder. Es ist noch nie gelungen, etwa einen Papagei zu lehren, ein bestimmtes Wort (z. B. Hunger) dann auszusprechen, wenn er etwas fressen möchte. Verhaltensforscher sind der Frage nachgegangen, warum bestimmte Vögel diese Nachahmungsfähigkeit (z. B. die Erlernung komplizierter Gesänge) derart perfektioniert haben.

Worin liegt der evolutionäre Vorteil?

Die individuell verschiedenen Gesänge dienen als persönliches Merkmal, im Besonderen aber dem Aufbau und der Verstärkung von persönlichen Bindungen zwischen Vögeln. Bei Säugetieren wird eine Erkennung oft über das Riechorgan vollzogen, bei Vögeln jedoch beruht eine Beziehung auf der Kenntnis des Gesangsrepertoirs des jeweiligen Partners. Man hat in Einzelfällen beobachtet, dass zwei Vögel ein Duett aufbauen können, wobei jeder Vogel streng seinen Part singt. Stirbt einer der beiden, kann es passieren, dass der Überlebende ab diesem Zeitpunkt beide Stimmen singt.

Papageien haben somit *keine Sprachfähigkeit. Sie benutzen lediglich die auch anderen Vögeln angeborene Eigenschaft, Tonfolgen nachahmen zu können, und bringen durch die Wiedergabe von gesprochenen Worten und Sätzen zuhörende Personen in Erstaunen.*

5 DIE KRANKE STIMME

UNS'RE LEHRERIN IST HEISER,
TROTZDEM WERDEN WIR NICHT LEISER,
JETZT IST IHRE STIMME HIN,
ACH, DIE ARME LEHRERIN.
(V. Ludwig.)

Medizinische Grundlagen

EINE GESUNDE und leistungsfähige Stimme ist das Ergebnis eines überaus komplexen Zusammenspiels von Atmung, Kehlkopf und Ansatzrohr, wobei auch enge Wechselbeziehungen zur körperlichen und gefühlsmäßigen Verfassung bestehen. Es ist daher nicht verwunderlich, dass eine Vielzahl von Erkrankungen, aber auch seelische Belastungen, eben „Verstimmungen", zu Störungen der Stimme führen bzw. sich auf die Stimme negativ auswirken können.
Diese sind umso bedeutender, da der Stimme als Träger der lautsprachlichen Kommunikation eine immer bedeutendere Rolle zukommt. Es ist wichtiger denn je, die Fähigkeit zu besitzen, neben Informationen auch seine positiven menschlichen Qualitäten erfolgreich zu übermitteln. Verständliche Kommunikation ist für das Erreichen von Zielen sowie für die Beziehung zu anderen Menschen und für die Selbstentfaltung mindestens ebenso wichtig, wie ein mit Mühe angeeignetes Fachwissen. Nicht umsonst weisen Kommunikationsforscher und Managementberater darauf hin, dass mehr Überzeugungskraft davon ausgeht, „wie" etwas gesagt und oft weniger davon, „was" gesagt wird. Untersuchungen zeigen, dass im Ausdruck von Gefühlen dem Klang der Stimme bis zu fünfmal soviel Bedeutung zukommt wie den benutzten Worten. Der Klang der Stimme ist also eines der wichtigsten Mittel, um nichtverbale Botschaften zu übermitteln.
Die Stimme ist so unlösbar mit der Person verbunden, ist etwas so Selbstverständliches, dass sie einem oft erst dann wirklich bewusst wird, wenn sie gestört, krank ist. Meist finden sich bei Stimmstörungen typische Merkmale:

- Die Stimme kann nicht mehr mit der gewohnheitsmäßigen Leichtigkeit eingesetzt werden,
- sie hat ihre Tragfähigkeit eingebüßt,
- sie hat ihren Klang verloren und
- sie ist damit als fein abgestimmtes Instrument der Kommunikation untauglich geworden.

Von besonderer Bedeutung sind Stimmprobleme bei „Stimmberufen", Lehrern, Managern, Pfarrern, Rundfunksprechern, Kindergärtnerinnen, Sängern, also all jenen, bei denen der berufliche Erfolg hauptsächlich oder überwiegend von der stimmlichen Leistungsfähigkeit und Überzeugungskraft abhängt. Dies hat

Tabelle 2 Haupt- und Nebensymptome bei Stimmbandstörungen.

Hauptsymptome	
Heiserkeit Mangelnde Belastbarkeit der Stimme	
Nebensymptome – Schluckzwang – Trockenheit im Hals – Schleim – Druckgefühl – Hustenreiz – Anstrengungsgefühl – Brennen	– Schmerz – Räusperzwang – Ermüden oder Versagen beim Sprechen – Umkippen der Stimme – Abweichungen in der Tonhöhe und Lautstärke – Kloßgefühl

über die persönliche Problematik hinaus auch volkswirtschaftliche Bedeutung, da nicht selten aufgrund von Stimmproblemen eine Frühpensionierung verordnet oder ein Berufswechsel vollzogen werden muss.
Die Hauptsymptome einer *Stimmstörung* sind der gestörte Stimmklang, d. h. die *Heiserkeit* und die *eingeschränkte Leistungsfähigkeit* der Stimme (Tab. 2). Der menschliche Stimmklang zeichnet sich durch eine enorme Vielfalt an Variationen aus. Es ist daher auch nicht möglich, eine exakte Grenze zwischen normalen und krankhaften Stimmklängen zu definieren, ebenso ist es äußerst schwierig, krankhafte Stimmklänge mit sprachlichen Mitteln eindeutig zu charakterisieren.

Heiserkeit

In der Medizin hat man sich daher entschlossen, Heiserkeit als Überbegriff für alle krankhaften Stimmklänge einzuführen und entsprechend den beiden Hauptmechanismen der Heiserkeitsentstehung zwischen einer *behauchten Stimme* (durch unvollständigen Stimmlippenschluss) und einer *rauen Stimme* (durch Aperiodizitäten) zu unterscheiden.
Bei Stimmstörungen gibt es eine Vielzahl von Symptomen (Tabelle 2):

- Abweichungen der Tonhöhe oder der Lautstärke
- Abbrechen der Stimme,
- häufig Missempfindungen im Halsbereich, d. h. ein Trockenheits- oder Verschleimungsgefühl,
- Druckgefühl im Hals, das Gefühl, als ob ein „Knödel" im Hals stecken würde,
- das Gefühl, sich ständig räuspern zu müssen, Hustenzwang usw.

Gerade bei den Stimmstörungen zeigt sich, wie eng die Stimme mit der Gesamtpersönlichkeit des Menschen verbunden ist, und dass Stimmstörungen selten ein isoliertes Problem des Kehlkopfes oder des peripheren Stimmapparates darstellen. Sie sind stattdessen komplexe Kommunikationsstörungen, für die sich in der *Phoniatrie* (Stimm- und Sprachheilkunde) eine *ganzheitliche Betrachtungsweise* durchgesetzt hat, die von einem sogenannten

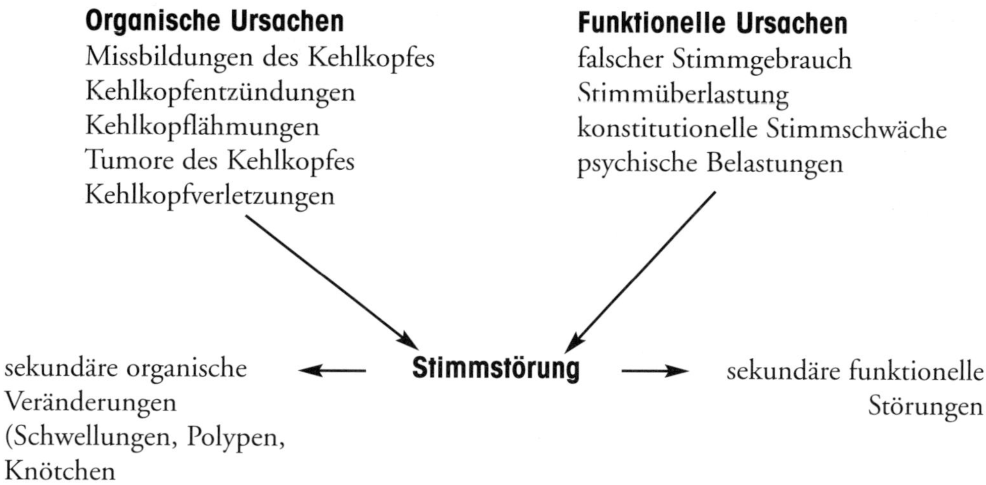

Abb. 35 Organische und funktionelle Ursachen für Stimmbandstörungen.

„bio-psycho-sozialen“ Krankheitsmodell ausgeht. Nach diesem Modell sind bei jeder Krankheit *organische*, *psychologische* und *soziale* Faktoren gemeinsam, wenn auch in unterschiedlicher Gewichtung, an der Entstehung oder Aufrechterhaltung der Erkrankung beteiligt.
In der Phoniatrie und Laryngologie wurde zu einer Zeit, da die übrige Medizin noch weitgehend auf Organe hin orientiert war, die Bedeutung der Psyche für die Entstehung von Krankheiten erkannt. Bereits *Arthur Schnitzler*, selbst Arzt und Assistent an der damals weltbekannten laryngologischen Abteilung seines Vaters *Johann Schnitzler*, verwertete literarisch die Heilung einer „hysterischen Aphonie“ in seinem Einakter „Paracelsus“: Ganz in Übereinstimmung mit der damals aktuellen psychoanalytischen Forschung (1895 erschienen die „Studien über Hysterie“ von *Sigmund Freud* und *Josef Breuer*) lässt *Arthur Schnitzler* die Hysterikerin durch „Abreagieren“, durch Bewusstmachen uneingestandener, verborgener Regungen gesund werden. Am 19. März 1898 urteilte *Freud*: „Unlängst war ich in Schnitzlers Paracelsus erstaunt, wieviel von den Dingen so ein Dichter weiß“.
Aus klinisch-praktischen Gründen werden Stimmstörungen üblicherweise in *organische* und *funktionelle* Störungen eingeteilt, obwohl häufig Übergänge und Mischformen anzutreffen sind (Abb. 35).

Organische Stimmstörungen

Organische Stimmstörungen liegen dann vor, wenn sich am Stimmapparat – vorzugsweise am Kehlkopf – organische Erkrankungen feststellen lassen. Dazu gehören: angeborene Missbildungen des Kehlkopfes, Kehlkopfentzündungen, Kehlkopflähmungen, Tumore und Kehlkopfverletzungen.

Funktionelle Stimmstörungen

Von einer funktionellen Stimmstörung spricht man dann, wenn sich keine Erkrankung am Kehlkopf feststellen lässt, obwohl eine Heiserkeit oder eine Leistungseinschränkung der Stimme besteht.

Der Phoniater (Stimmarzt) bedient sich dabei vorzugsweise der Spiegeluntersuchung des Kehlkopfes (*Laryngoskopie*, Abb. 36) ergänzt durch verschiedene Techniken, wie z. B. die *Kehlkopfstroboskopie* (Abb. 37). Die Kehlkopfstroboskopie ist ein Verfahren, bei dem durch synchronisierte Lichtblitze ein (scheinbares) Zeitlupenbild der Stimmlippenschwingungen erzeugt werden kann. Es ist damit möglich, den Schwingungsablauf der Stimmlippen exakt zu verfolgen und zu analysieren.

Es besteht im allgemeinen kein unmittelbarer Zusammenhang zwischen den Stimmsymptomen (der Art und dem Grad der Heiserkeit) und den auslösenden Ursachen. Die Stimme kann sich z. B. bei einem Kehlkopfkrebs und bei einer funktionellen Stimmstörung sehr ähnlich anhören, während sich die Stimmen von zwei Patienten mit funktioneller Stimmstörung stark unterscheiden können (s. Abb. 40). Nur durch das Anhören oder auch durch die apparative Analyse der Stimme kann keine Diagnose gestellt oder auf die zugrunde liegenden Ursachen geschlossen werden. Dies ist nur durch eine Kehlkopfspiegelung und Stroboskopie möglich. Es ist daher unbedingt erforderlich, bei jeder länger als drei Wochen andauernden Heiserkeit eine solche Untersuchung des Kehlkopfes vorzunehmen, um gezielte Therapiemaßnahmen einleiten zu können und um nicht die Entwicklung gefährlicher Erkrankungen zu übersehen.

Als Ursache funktioneller Stimmstörungen kommen verschiedenste Faktoren in Frage:

- Ein falscher Stimmgebrauch und stimmschädigende Angewohnheiten, wie Atemfehler, Räuspern, harter Stimmeinsatz, gepresste Stimmgebung, nachlässige Artikulation etc.
- Stimmüberlastung durch zu starke stimmliche Anstrengung, durch zu langes oder zu lautes Sprechen.
- Angeborene verminderte stimmliche Leistungsfähigkeit (Konstitution).
- Psychische Ursachen: seelische Belastungen, Stresszustände, neurotische Konfliktverarbeitung u.a.

Meist führt erst das Zusammentreffen

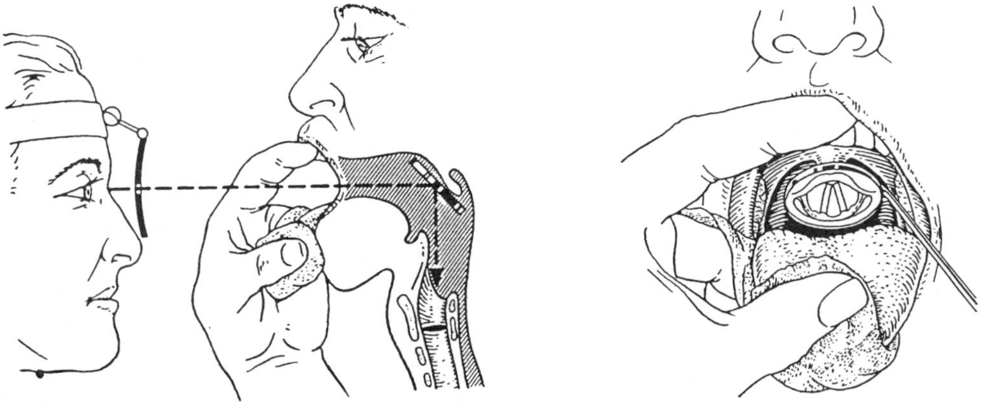

Abb. 36 Kehlkopfspiegelung

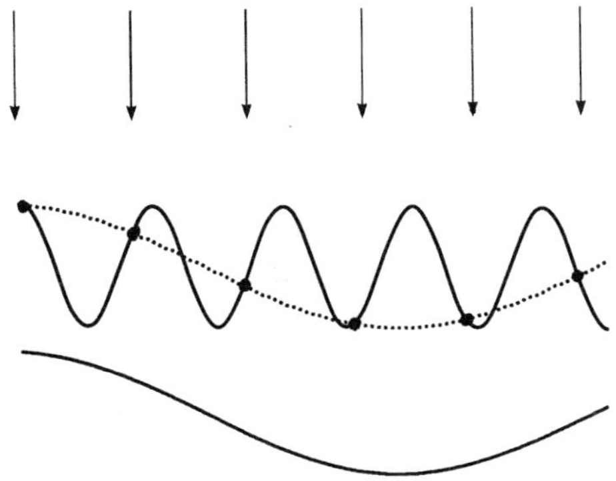

Abb. 37 Prinzip der Stroboskopie

mehrerer Ursachen zur Entwicklung einer langdauernden Stimmstörung. Eine Kehlkopfentzündung kann z. B. zum Ausgangspunkt einer bleibenden Stimmschädigung werden, wenn während der bestehenden Entzündung die Stimme nicht geschont wird, sondern versucht wird, „mit Kraft" weiter zu sprechen. Es bauen sich dann sekundäre funktionelle Störungen auf, die lange bestehen bleiben können, auch wenn die auslösende Ursache – in diesem Beispiel die Entzündung – bereits abgeklungen ist. Desgleichen kann eine konstitutionell schwache Stimme bereits durch eine vergleichsweise geringe Stimmbelastung überfordert werden bzw. auf den geringsten Stimmmissbrauch mit langdauernder Heiserkeit reagieren.

Stimmlippenknötchen

Lang dauernde funktionelle Abweichungen können ihrerseits zu einer Schädigung von Schleimhaut und Bindegewebe der Stimmlippen führen. Es kommt zum Auftreten von sogenannten *sekundären organischen Veränderungen* wie Schwellungen der Stimmlippenschleimhaut, Polypen an den Stimmlippen und vor allem Stimmlippenknötchen (Abb. 38). Insbesondere *Stimmlippenknötchen* entstehen typischerweise durch länger dauernde Überlastung der Stimmlippen bei Stimmmissbrauch. Sie treten einerseits im Kindesalter zwischen 5 und 8 Jahren auf, hier vorzugsweise bei Knaben, und haben dann einen zweiten Häufigkeitsgipfel etwa um das 35. Lebensjahr (Abb. 39), in diesem Fall aber praktisch ausschließlich bei Frauen. Im Kindesalter werden sie Schreiknötchen, im Erwachsenenalter auch Sängerknötchen genannt.

Aufgrund der meist über Jahre gehenden und vielschichtigen Entstehungsgeschichte von Stimmstörungen ist für eine erfolgreiche Therapie in jedem Einzelfall notwendig, die Störung ganzheitlich zu betrachten und zu analysieren. Je nach Ergebnis dieser Analyse muss dann vom Phoniater eine Therapie zusammengestellt werden, wobei medikamentöse (z. B. Antibiotika), chirurgische (z. B. Mikrochirurgie des Kehlkopfes), physikalische (z. B. Inhalation), logopädische (Stimmübungsbehandlung) und psychotherapeutische Verfahren in genauer zeitlicher Abfolge dem Einzelfall individuell angepasst werden müssen. Nicht die Stimmstörung, die *stimmgestörte Person* muss behandelt werden. Einseitige Behandlungen bringen daher meist nur eine kurze Besserung.

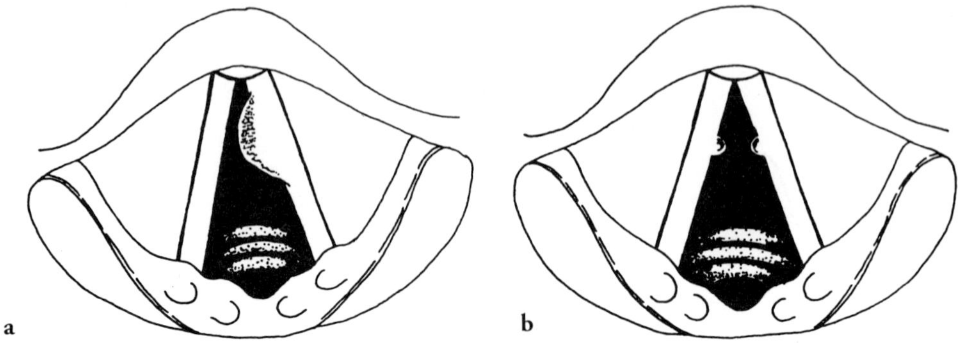

Abb. 38 a Polyp auf der rechten Stimmlippe, **b** Stimmlippenknötchen

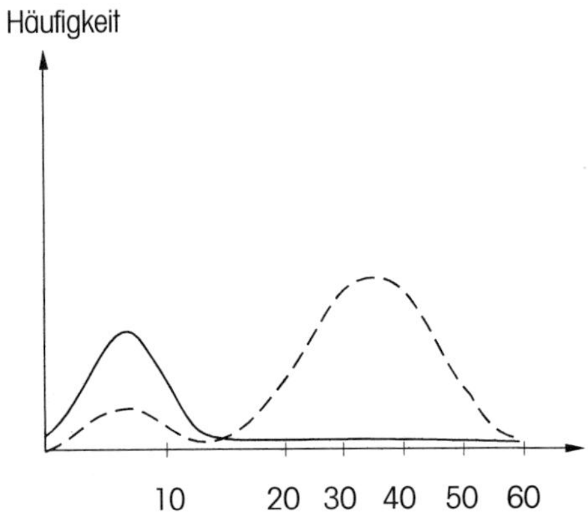

Abb. 39 Alters- und Geschlechtsverteilung von Stimmlippenknötchen (durchgezogen Linie: männlich, gestrichelt: weiblich).

Akustische Ursachen

Nur eine regelmäßige, periodisch ablaufende Schwingungsbewegung an den Stimmlippen führt zur Erzeugung eines reinen Stimmklanges, d. h. einer akustischen Struktur mit Grund- und Obertönen ohne Geräuschanteile. Jede Stimmstörung, sei sie organisch oder funktionell bedingt, führt letztlich zum Auftreten von unkoordinierten Bewegungen, d. h. zu einem nicht mehr optimalen Zusammenspiel der Muskeln im Bereich des Kehlkopfes, aber auch in der Abstimmung zwischen Atemstrom, Kehlkopfwiderstand und Einstellung des Ansatzrohres.

Die Folge ist einerseits das Auftreten aperiodischer Stimmlippenschwingungen, andererseits das Entweichen unmodulierter Atemluft bei unvollständigem Stimmbandschluss. In beiden Fällen kommt es zum Auftreten von *Geräuschkomponenten* im Stimmklang. Im ersten Fall dadurch, dass aperiodische Schwingungen physikalisch einem Geräuschcharakter entsprechen, im zweiten Fall, dass beim Entweichen von Luft durch einen engen Glottisspalt die Strömung der Luftröhre turbulent wird und dabei ein Geräusch erzeugt. Der Klangeindruck ist in den beiden Fällen ein etwas anderer: Im Falle des Auftretens von Aperiodizitäten spricht man von einem eher *rauen-gepressten* Stimmklang, im Falle der Überlagerung durch ein Strömungsgeräusch von einem *be- oder verhauchten* Stimmklang (Abb. 40).

In der Medizin werden für die Diagnostik von Stimmstörungen elektroakustische Verfahren zur Heiserkeitsanalyse eingesetzt. Eines dieser Verfahren, die sogenannte *Periodizitätsanalyse*, vergleicht die Wellenlänge, die Amplitude und die Wellenform der Einzelschwingungen miteinander. Man erhält damit ein Maß für die Regelmäßigkeit bzw. die Unregelmäßig-

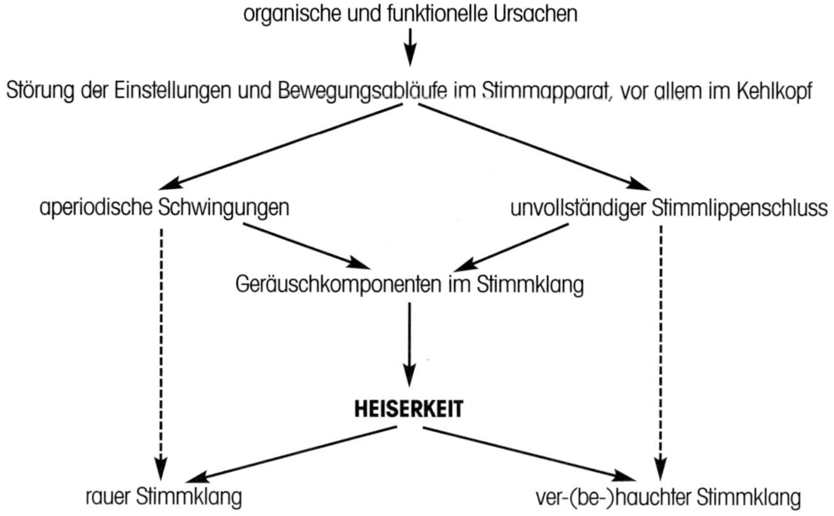

Abb. 40 Akustische Ursachen der Heiserkeit

keit der Glottisschwingung. Ein anderes, weit verbreitetes Verfahren ist die Spektralanalyse in Form der *Sonagraphie.* Sie ist das älteste routinemäßig in der Diagnostik und Therapie von Stimm- und Sprachstörungen angewandte Verfahren. Der Ausgangspunkt war der Wunsch der Kriminologen, ähnlich Fingerabdrücken auch „Stimmabdrücke" anfertigen zu können. Eine Stimme sollte durch unverwechselbare Erkennungsmerkmale eindeutig charakterisiert werden (Abb. 41). Diese Hoffnung wurde zwar weitgehend enttäuscht, die Sonagraphie hat sich jedoch in der Phoniatrie als wertvolles und unverzichtbares Hilfsmittel erwiesen. Dabei wird mittels einer Fourieranalyse (s. Physikalischer Anhang) das komplexe

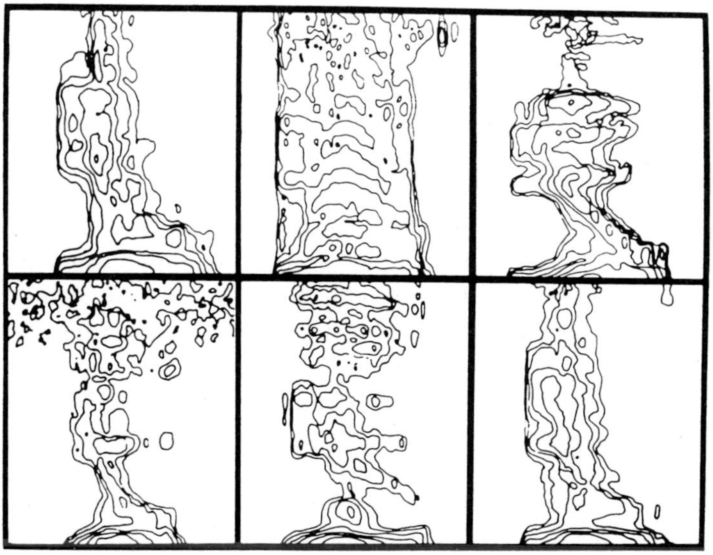

Abb. 41 Stimmabdrücke von verschiedenen Personen (Bild 1 und 6 stammen von derselben Person).

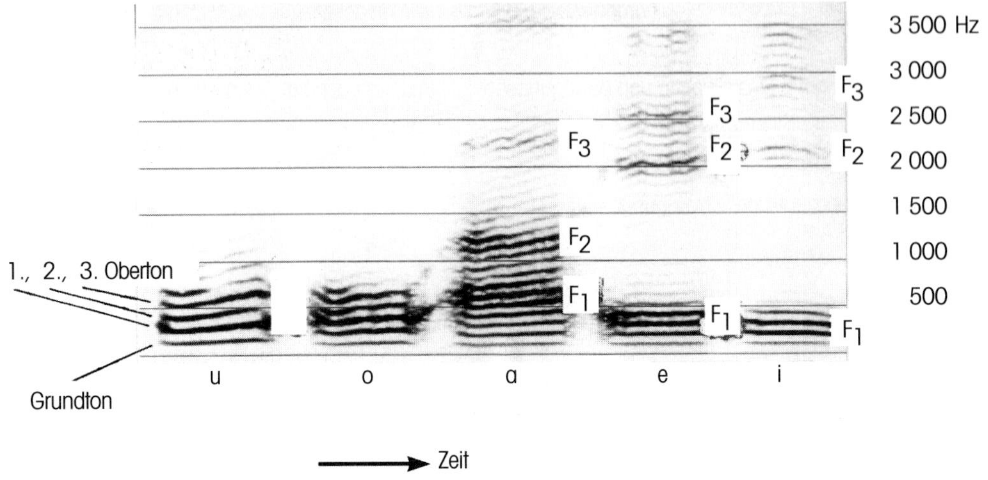

Abb. 42 Sonagramme der Grundvokale einer männlichen Normalstimme mit einer Grundfrequenz von 100 Hertz. Der Grad der Schwärzung zeigt die Intensitäten der Teiltöne an. Diese ist in den Formantregionen besonders hoch (F_1, F_2, F_3).

Schallsignal in seine Einzelkomponenten, d. h. Teiltöne und Geräuschanteile, nach dem zeitlichen Verlauf sowie nach der Intensität dieser einzelnen Anteil zueinander zerlegt. Dies ermöglicht eine objektive und quantitative Analyse des Stimmschalles. Das Sonagramm (Abb. 42) zeigt die wesentlichen Komponenten eines Schallereignisses, nämlich Frequenz und Intensität in ihrer zeitlichen Entwicklung.

Eine *normale klare Stimme* ist durch einen stabilen Grundton und durch eine regelmäßige Reihe von Obertönen bis in den höheren Frequenzbereich ohne Geräuschkomponenten gekennzeichnet. Liegt eine *sehr geringe Heiserkeit* vor, treten in den Formantregionen der Vokale kleine Geräuschanteile auf. Nimmt die Heiserkeit weiter zu, treten leichte zusätzliche Geräusche im höheren Frequenzbereich (oberhalb von 3000 Hz) auf. Da die Vokale „e“ und „i“ einen hohen zweiten Formanten haben, treten bei diesen die ersten Geräuschbänder auf. Bei einer *mittelgradigen Heiserkeit* gewinnen die Geräusche über 3000 Hz an Energie und Ausdehnung, die zweiten Formanten von „i“ und „e“ sind von Geräuschkomponenten vollständig überdeckt. Bei einer *starken Heiserkeit* zeigt sich, dass die zweiten Formanten von „a“, „e“ und „i“ durch Geräuschanteile ersetzt sind, aber auch im Bereich der ersten Formanten von „a“, „o“ und „u“ sind kaum noch harmonische Anteile nachweisbar, zusätzlich erscheinen hochfrequente Geräuschbänder (Abb. 43).

Als weitere Folge eines nicht optimalen Schwingungsablaufes im Kehlkopf wird der eingesetzte Energieaufwand, d. h. der Ausatemstrom, nicht optimal in akustische Energie umgesetzt. Der Stimmapparat muss dadurch mehr Arbeit leisten, ermüdet früher bzw. wird früher überfordert. Eine Stimmausbildung, insbesondere eine sängerische Ausbildung, zielt im Wesentlichen auf die Verbesserung der neuromuskulären Abstimmung des gesamten Stimmapparates ab und führt damit nicht nur zu einer „schönen“ sondern auch zu einer ökonomischen Stimmproduktion und damit zu einer leistungsfähigeren Stimme (s. Kap. 6).

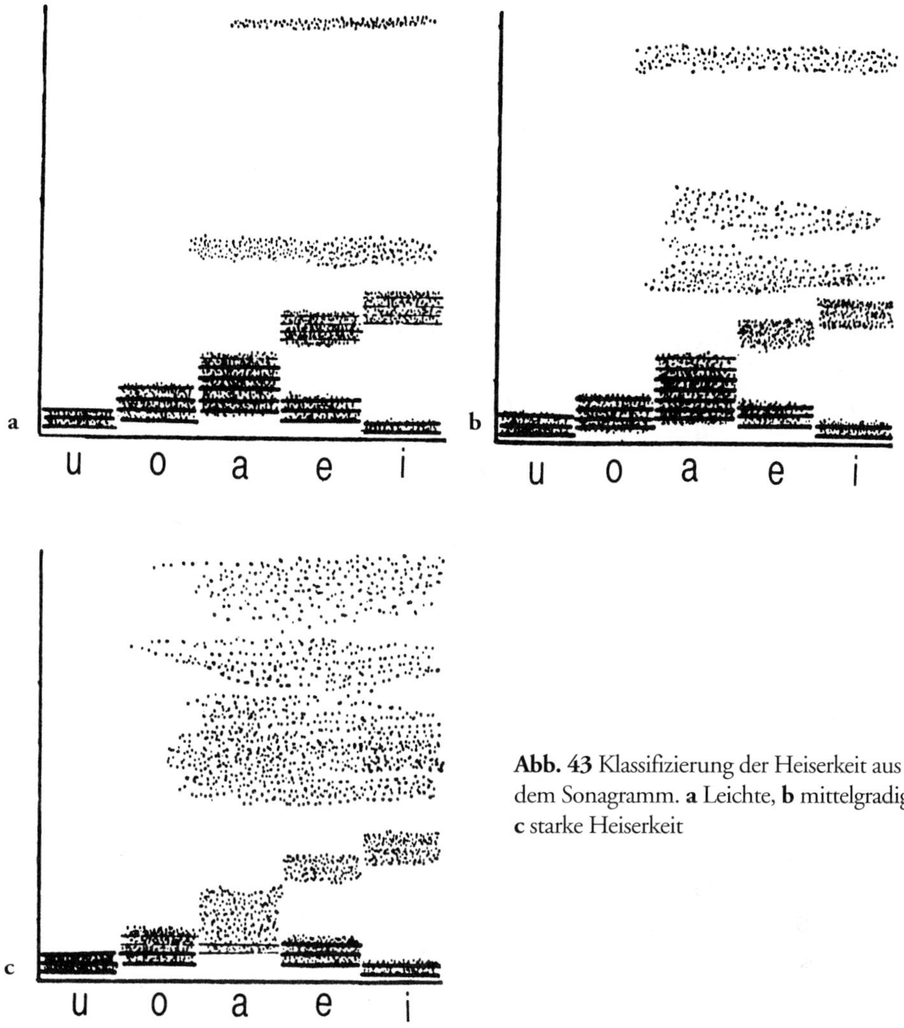

Abb. 43 Klassifizierung der Heiserkeit aus dem Sonagramm. **a** Leichte, **b** mittelgradige, **c** starke Heiserkeit

Stimmhygiene

Wichtiger als die Behandlung ist die Verhütung des Auftretens von Stimmstörungen. Dies betrifft besonders Personen, deren berufliche Existenz von ihrer stimmlichen Leistungsfähigkeit abhängt. Nicht selten stellt sich z. B. nach Abschluss eines Lehramtstudiums heraus, dass die Stimme den täglichen Anforderungen des Berufes nicht gewachsen ist, und nicht immer kann auch mit einer konsequenten und langdauernden phoniatrisch-logopädischen Behandlung eine für den Beruf ausreichende Kompensation der Störung erreicht werden. Es wäre daher gerade vor dem Ergreifen eines Stimmberufes äußerst wichtig, eine stimmliche Tauglichkeitsuntersuchung durchzuführen und während der Ausbildung eine ausreichende Stimm- und Sprecherziehung zu absolvieren.

Freie Atmung

Die Grundlage jeder ungestörten Stimmproduktion ist eine freie Atmung. Bei Be-

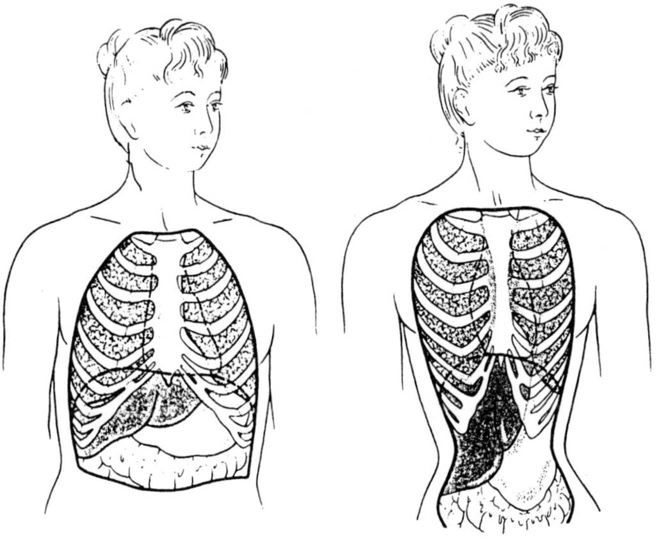

Abb. 44 Schnürleib einer Sängerin um 1890.

hinderung der Atmung, etwa durch eine eingeschränkte Nasenatmung, durch eine Behinderung der Zwerchfell- und Brustraumbeweglichkeit, wie z. B. durch einengende Kleider (Abb. 44), oder durch eine falsche Haltung ist die freie Stimmproduktion beeinträchtigt. Viel Bewegung in frischer Luft und sportliche Betätigung begünstigen eine gute Atmung.

Da nur der Ausatemstrom zur Stimmerzeugung verwendet wird, ist ein Sprechen während des Einatmens in jedem Fall zu vermeiden. Häufig besteht das Gefühl, zu wenig Luft für das Sprechen zu haben, und ein typischer Atemfehler besteht darin, immer tiefer einzuatmen und nach Luft zu schnappen („Schnappatmung"). Die Ursache für diesen Zustand ist keine zu geringe Einatmung, sondern eine gestörte Atemkoordination, wobei durch zu geringe Ausatmung der Brustkorb nicht wieder in die Ruheposition zurückkehren kann.

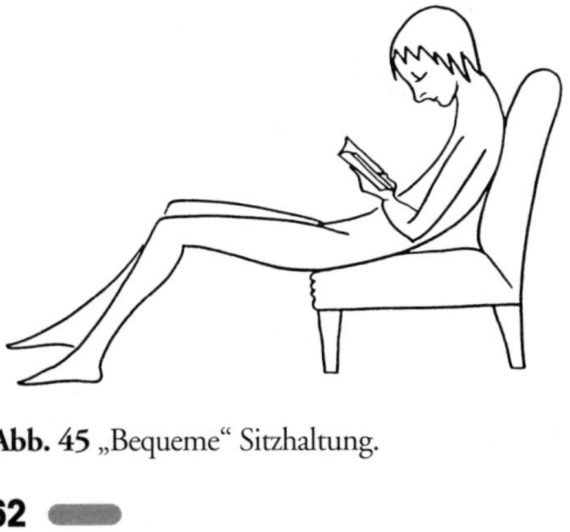

Abb. 45 „Bequeme" Sitzhaltung.

Körperhaltung und Stimme

Eine korrekte Körperhaltung unterstützt das Zusammenspiel von Atmung und Stimme und wirkt sich positiv auf die Grundspannung der gesamten Körpermuskulatur aus. Sie gewährleistet die für das Sprechen erforderliche Arbeitsspannung, ohne zu Verspannungen zu führen. Daneben hilft die richtige Körperhaltung auch, die notwendige innere Haltung und Einstellung zu finden, die für den Kontakt mit dem Zuhörer erforderlich ist.

Der Sprecher sollte ruhig auf beiden Füßen stehen, ohne die Schultern hochzuziehen. Der Kopf sollte sich aufgerichtet gerade über der Brust befinden. Wichtig ist eine normale Wirbelsäulenkrümmung. Eine solche unverspannte Haltung mit normaler Wirbelsäulenkrümmung ist eher im Stehen einzunehmen, wogegen die Gefahr einer schlechten Haltung beim Sitzen deutlich größer ist (Abb. 45). Bei Stimmproblemen ist es daher günstig, eher im Stehen vorzutragen.

Übermäßiger Stimmgebrauch

Ein zu häufiger und übermäßiger Stimmgebrauch schädigt den Stimmapparat, wobei man von einer normalen Belastbarkeit von täglich 6 Stunden Sprechen ausgehen kann. Es ist daher wichtig, nach einer Stimmbelastung eine ausreichende *Stimmerholung* einzuhalten. Bei bereits bestehender Stimmstörung sollte die Stimmbelastung nur auf die unmittelbar notwendigen Anforderungen beschränkt werden, was z. B. durch eine Einschränkung der Stimmanforderung im privaten Bereich erreicht werden kann.

Entscheidend für die ermüdungsfreie Stimmproduktion ist die individuell angepasste Stimmtonhöhe und Lautstärke. Besonders stimmschädigend ist eine ständig zu hohe Sprechtonhöhe, da dies zu muskulären Verspannungen im Kehlkopf führt und dadurch die Stimmlippen schädigt (Gefahr der Bildung von Stimmlippenknötchen). Eine zu hohe Sprechstimmlage wird oft automatisch bei psychischer Belastung, Stress oder beim Sprechen im Lärm eingenommen.

Sprechen im Lärm

In einer solchen Situation nimmt natürlich auch die Stimmlautstärke zu. Diese Steigerung sowohl von Lautstärke als auch Tonhöhe erfolgt reflektorisch. Sie ist daher fürs erste gar nicht zu beeinflussen und stellt eine enorme Stimmbelastung dar. Sprechen im Lärm sollte daher möglichst vollkommen unterbleiben. Ist dies nicht zu vermeiden, sollte anstelle einer Erhöhung der Lautstärke die Verständlichkeit durch deutlichere Artikulation verbessert werden. Dadurch kann die Tragfähigkeit der Stimme erhöht werden, so dass bei gleicher Lautstärke die Duchdringungsfähigkeit im Lärm zunimmt.

Sprechtempo

Stimmschädigend ist weiters ein zu hohes Sprechtempo mit zu wenig Pausen. Durch gute rhythmische Gliederung mit ausreichenden Pausen kann der Stimmapparat die notwendigen Einstellungen ohne Zeitdruck und damit exakt vornehmen. Dabei kann auch der Sprecher seine Gedanken ordnen, und nicht zuletzt der Zuhörer dem Gesagten folgen. Häufiges, manchmal gewohnheitsmäßig fixiertes, Räuspern und Husten stellt eine erhebliche Kehlkopfbelastung dar und schadet ebenfalls.

Seelische Spannungszustände

Der enge Zusammenhang zwischen Stimme und Stimmung ist evident und drückt sich auch in der Umgangssprache aus: „es schnürt einem die Kehle zu", „da bleibt einem die Stimme weg" etc. Der Kehlkopf reagiert sehr empfindlich auf seelische Spannungszustände mit muskulären Verspannungen. Psychische Belastungszustände, Stress und Konfliktsituationen, übermäßige Leistungsanforderungen in Beruf und/oder Familie können zu Stimmstörungen führen. Auch die Angst vor einem Stimmversagen kann dafür ein Auslöser sein. Günstig dagegen ist eine regelmäßige Lebensweise mit ausgeglichenem Lebens- und Schlaf/Wachrhythmus, sowie ein gleichmäßiger Wechsel von Belastungs- und Entlastungsphasen, Spannungs- und Entspannungsperioden, bewegungsreiche und sportliche Lebensführung, d. h. alle Maßnahmen für eine gesunde und ausgeglichene Psyche. Die Einnahme von Psychopharmaka kann wohl eine eventuell vorhandene „(Ver)spannung“ reduzieren, aber meist nicht die Ursache dafür beheben.

Ernährung

Für eine gute Stimme werden zahlreiche Ernährungsrezepte angeboten, „Wundermittel“ gibt es allerdings keine. Ist jedoch eine stimmlich geforderte Person überzeugt, dass bestimmte Nahrungsmittel die stimmliche Leistung günstig beeinflussen, so kann dies durchaus zutreffen. Die zum Teil fast ritualisierte Anwendung bestimmter Hilfsmittel und Substanzen, vor allem bei Sängern, kann eine wichtige psychologische Stütze sein und die geistige Einstellung erleichtern.

Demgegenüber gibt es aber viele für den Stimm- und Sprechapparat *schädliche Substanzen*, die allgemein vermieden werden sollten. Das Rauchen und der Aufenthalt in verrauchten, staubigen Räumen führt zu einer nachhaltigen Schleimhautschädigung, ebenso sehr kalte, heiße oder scharfe Getränke und Speisen.

Hochprozentiger Alkohol führt neben einer starken Schleimhautreizung zur Verschlechterung der fein- und grobmotorischen Koordination. Besonders stimmschädigend wirkt sich die häufige Kombination Nikotin, Alkohol, scharfe Speisen und Getränke bei gleichzeitiger Stimmbelastung aus.

Medikamente

Weitere Beeinträchtigungen der Stimme können sich aus regelmäßiger Medikamenteneinnahme ergeben, da zahlreiche Medikamente Nebenwirkungen haben, die sich auch auf die Stimme auswirken können. Die stärksten Folgen für die Stimme können durch *Hormonpräparate* bei Frauen ausgelöst werden. Bei der Zufuhr von männlichen Geschlechtshormonen oder von Präparaten, die Abkömmlinge solcher Hormone enthalten, kann es bei der Anwenderin zu einer meist irreversiblen Stimmvermännlichung kommen (s. Kap. 3). Diese Hormonpräparate werden teilweise kontrolliert eingesetzt, z. B. bei Wechselbeschwerden von Frauen, zum Teil auch unkontrolliert als Dopingmittel.

Die am häufigsten verwendete Gruppe von Hormonpräparaten sind die Ovulationshemmer – die „Pille“. Diese besteht aus einem Gemisch aus den beiden weiblichen Geschlechtshormonen Östrogen und Gestagen. Lange Zeit wurde insbesondere von gesangspädagogischer Seite ein negativer Einfluss auf die Stimmqualität von Sängerinnen, die solche Ovulationshemmer einnehmen, behauptet. Dies sollte vorwiegend die hohen Töne betreffen und ist daher vor allem für Sopranistinnen von Bedeutung. Ein solcher negativer Effekt auf die Stimmqualität kann für die modernen Pillenpräparate, die in der Zusammensetzung qualitativ anders und wesentlich niedriger dosiert sind als die Anfangspräparate, weitgehend ausgeschlossen werden.

Eine besonders häufige Nebenwirkung diverser Medikamente ist eine *Trockenheit* der Kehlkopfschleimhaut. Oft übersehen wird, dass auch salzreiche Ernährung und zu wenig Flüssigkeitsaufnahme ebenso zu einer Trockenheit der Schleimhäute führen. Umgekehrt ist eine ausreichende Flüssigkeitszufuhr, d. h. ausreichend trinken und eine genügende Befeuchtung der

Atemluft, das effektivste Mittel, die Schleimhäute zu befeuchten.
Sehr häufig werden bei Lungenkrankheiten Medikamenteninhalationen mit verschiedenen Inhaltsstoffen verschrieben. Diese müssen, bevor sie in die Lunge kommen, auch den Kehlkopf passieren, und ein Teil der Wirkstoffe lagert sich auch im Kehlkopf und an den Stimmlippen ab. Sie können hier ebenfalls zu Reizerscheinungen, Schwellungszuständen und Stimmstörungen führen.

> Auf jeden Fall muss jede länger als drei Wochen dauernde Heiserkeit fachärztlich abgeklärt werden. Aus der Art und dem Grad der Heiserkeit kann nicht auf die zugrunde liegenden Ursachen geschlossen werden. Liegen funktionelle Ursachen vor, muss mit dem Stimmtherapeut ein individuell abgestimmtes Programm erstellt werden. Nur durch regelmäßiges Üben kann die Umsetzung von der Übungs- in die Alltagssituation erreicht werden.

Diagnose und Therapie häufiger Stimmerkrankungen

Der ungeheure Fortschritt in der Diagnostik durch die Einführung des Kehlkopfspiegels durch *Türck* und *Czermak* wurde von *L. Schrötter von Kristelli*, dem Leiter der weltweit ersten laryngologischen Klinik in Wien, 1880 folgendermaßen beschrieben:

> Kein junger Arzt der Jetztzeit kann sich eine Vorstellung machen von dem Jammerzustande, der in der Zeit vor der Erfindung des Kehlkopfspiegels herrschte, von der beschämenden Hilflosigkeit, in der wir uns dem Kranken gegenüber befanden. Tausende von Menschen sind dahingegangen, denen wir nicht helfen konnten! Wie ist das jetzt anders geworden!

Mit dem *Kehlkopfspiegel* konnten nicht nur Kehlkopf- und Stimmerkrankungen diagnostiziert, sondern es konnte auch am Kehlkopf operiert werden. Die Hauptschwierigkeit dieser neuen Eingriffe lag jedoch in der noch nicht vorhandenen Möglichkeit, durch geeignete Narkoseverfahren den Würgereiz auszuschalten. Die Patienten mussten durch Tage und Wochen hindurch trainiert werden, den heftigen Würgereflex beim Einführen des Instrumentes nach und nach zu meistern und sich trotz der Erhaltung der Empfindlichkeit die Berührung im Kehlkopfinneren und die darauffolgende operative Manipulation gefallen zu lassen. Trotzdem verlangte diese Technik eine unglaubliche Schnelligkeit und Geschicklichkeit des operierenden Laryngologen, wie sie in einem zeitgenössischen Dokument beschrieben wird:

> Und diese Kunst, die ein blitzartiges und doch sicheres Zugreifen erforderte, ... habe ich ... eine königliche Kunst genannt, die ihresgleichen in keinem anderen der medizinischen Fächer fand.

Dies änderte sich erst durch die Einführung des Kokains als lokal wirksames Mittel zur Ausschaltung des Würgereizes und des Schmerzes. Auch *Sigmund Freud* experimentierte, allerdings aus anderer Intention, zu dieser Zeit mit Kokain und er hat dies in einer eigenen wissenschaftlichen Arbeit „Über Coca" veröffentlicht. Damit war der Grundstein gelegt zu einer stürmischen Entwicklung in der Diagnostik und Therapie von Kehlkopfkrankheiten, die vor allem in der operativen Therapie immer größere Eingriffe und schließlich die erste Entfernung eines

Kehlkopfes (wegen eines Kehlkopfkrebses) durch *Theodor Billroth* am 31. Dezember 1873 in Wien ermöglichte.
Ein entscheidender Fortschritt in der Physiologie der Stimme war die Einführung des *Kehlkopfstroboskopes* durch den Münchner *M.J. Oertel* 1878. Damit erkannte man, dass die Stimmlippen nicht vertikal, d. h. in Richtung des Luftstromes schwingen, sondern in einer horizontalen Bewegung.
Zur genauen *Analyse der Stimmlippenschwingungen* und damit zur exakten Diagnose einer Stimmstörung stehen heute dem Phoniater zahlreiche weitere Untersuchungsverfahren zur Verfügung, wie die Aufzeichnung der Stimmlippenbewegungen durch die Messung des elektrischen Widerstands durch den Kehlkopf während der Stimmgebung.
Aufschlussreich sind auch Untersuchungen der *aerodynamischen Funktion* des Stimmsystems, also Messungen von Luftreservoir, Kraft der Lunge, Druck und Strömungsverhältnisse im Kehlkopf wie auch die Effizienz der Glottis bei der Kontrolle des Luftstroms. Erfasst werden unter anderem auch der *Ton- und Lautstärkeumfang* der Stimme und die Dauer, die ein Ton gehalten werden kann. Diese diagnostischen Möglichkeiten nutzt man wiederum, um Funktionsstörungen und den Erfolg einer Behandlung zu erkennen.
In speziellen Fällen kann man den Zustand der Muskeln im Kehlkopf durch Ableitung der *elektrischen Aktivität* mit feinen Elektroden messen.
Mit den verbesserten Kenntnissen über den Feinaufbau der Stimmlippen, die Schwingungsvorgänge im Kehlkopf sowie der exakteren Diagnostik ergeben sich zunehmend mehr Möglichkeiten der Behandlung von Kehlkopf und Stimmerkrankungen.

Kehlkopfentzündung

Eine besonders häufige Ursache für Stimmprobleme ist die akute Kehlkopfentzündung, der sogenannte *Kehlkopfkatarrh*. Dieser entsteht im Rahmen eines unspezifischen viralen Infektes der oberen Luftwege, praktisch immer gemeinsam mit einer Entzündung der Nase und Nasennebenhöhlen, einer Entzündung des Rachens sowie einer Entzündung der Luftröhre und der Bronchien. Analog den Schleimhäuten in Nase, Rachen und Bronchien kommt es auch an den Stimmlippen zu einer Rötung und Schwellung der Schleimhaut. Dadurch ändern sich die schwingungsmechanischen Eigenschaften: Irregularitäten führen zum Auftreten von Geräuschanteilen und damit zur Heiserkeit. Durch die vermehrte Massebelastung wird die Stimme tiefer und die verdickten und geschwollenen Stimmlippen sind nur mit Mühe durch einen erhöhten Anblasedruck zum Schwingen zu bringen. Die Folge sind Stimmabbrüche und frühe Stimmermüdung, das Sprechen wird anstrengend oder sogar schmerzhaft.
Die wichtigste Maßnahme bei jeder Kehlkopfentzündung ist die Schonung des betroffenen Organs. Für den Kehlkopf heißt dies: *Nicht sprechen* bzw. so wenig sprechen wie möglich. Flüstern ist zu vermeiden, da Flüstern eine unphysiologische Form der Stimmgebung ist (s. Kap. 7) und durch eine Fehlbelastung des Kehlkopfes auf die Dauer stimmschädigend wirkt. Bei Sprechberufen sollte eine Freistellung während der Dauer der Krankheit angestrebt werden.
Unterstützend können *Inhalationen*, am besten mit milden Salzlösungen, angewendet werden. Bei Inhalationsgeräten ist zu beachten, dass nur ein grobtropfig-feuchtes Aerosol für den Kehlkopf und die

oberen Atemwege geeignet ist. Dafür stehen Zerstäubergeräte zur Verfügung, während Feinvernebler, insbesondere Ultraschallvernebler, nur für die Behandlung von Lungenerkrankungen geeignet sind. Vorsicht ist geboten bei sogenannten „Mittel gegen Halsbeschwerden". Diese enthalten oft ätherische Öle (Menthol etc.), die zu Reizungen der Schleimhaut führen können. Auch die beliebte Kamille wirkt austrocknend auf die Schleimhäute. Die unkomplizierte Kehlkopfentzündung bildet sich in zwei bis drei Wochen zurück, und bei entsprechender Schonung der Stimme verbleiben keine stimmlichen Veränderungen. Wird die Stimme jedoch während der Kehlkopfentzündung *überbeansprucht*, kann dies der Beginn für langdauernde – und ohne aufwendige Therapie nicht behebbare – Stimmschwierigkeiten sein. Häufige, in kurzen Abständen auftretende Heiserkeit und Stimmschwäche – insbesondere ohne andere entzündliche Symptome, wie Halsschmerzen, Schnupfen, Husten – deuten eher auf eine *funktionelle* Stimmstörung hin und nicht auf eine echte Kehlkopfentzündung. Dies trifft auch für eine völlige Stimmlosigkeit (Aphonie) zu, die vor allem, wenn sie aus heiterem Himmel beginnt, sehr stark auf eine *psychogene Ursache* hinweist.

Behandlung von funktionellen Stimmstörungen

Bei funktionellen Stimmstörungen bzw. funktionell mitverursachten Störungen wird eine Stimmübungsbehandlung durchgeführt. Dazu gehört die gezielte Schulung der Stimme; der Betroffene kann lernen, besser zu atmen, die Stimme zu stützen und dadurch die Hals- und Kehlkopfmuskulatur zu entlasten. Insgesamt wird durch ein individuell angepasstes Übungsprogramm eine Ökonomisierung der gesamten Stimmfunktion erreicht. Sogar manche organischen Veränderungen können sich nach einer solchen Stimmtherapie von selber zurückbilden, wenn sie sekundär durch funktionelle Veränderungen entstanden sind und wenn sie sich noch im Anfangsstadium befinden. Dies betrifft insbesondere die Stimmlippenknötchen, wie sie sich vor allem bei Stimmberufen öfter bilden.

Stimmverbessernde Chirurgie – Phonochirurgie

In bestimmten Fällen ist jedoch eine *Operation* nicht zu umgehen: Etwa bei Polypen und Zysten oder wenn sich die Knötchen trotz Stimmtherapie nicht zurückbilden. Glücklicherweise liegen die meist gutartigen Veränderungen oberflächlich. Um derartige Veränderungen an der Schleimhaut zu entfernen, sind sehr sensible mikrochirurgische, sogenannte phonochirurgische, Verfahren entwickelt worden. Werden dabei die tieferen Schichten nicht verletzt, gibt es später keine Narben und die Stimme normalisiert sich. Solche stimmverbessernden Eingriffe können ohne äußeren Schnitt an der Halshaut durch den Mund vorgenommen werden. Der Arzt blickt durch ein *Laryngoskop* (ein starres Metallrohr) auf den Kehlkopf, der in einem Operationsmikroskop vergrößert erscheint (Abb. 46). So lassen sich mit winzigen chirurgischen Instrumenten präzise Operationen vornehmen. Dies gelingt meist bemerkenswert exakt. Man kann die Schleimhaut abheben, die Zyste oder Wucherung darunter entfernen und die Schleimhaut darüber wieder verschließen. Die minimale Verletzung ist nach einigen Tagen Stimmruhe verheilt und mit einer

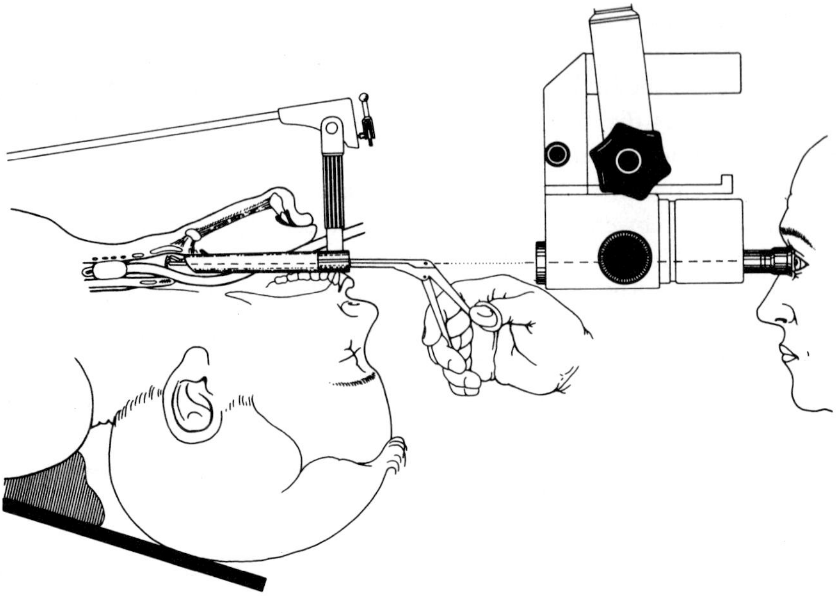

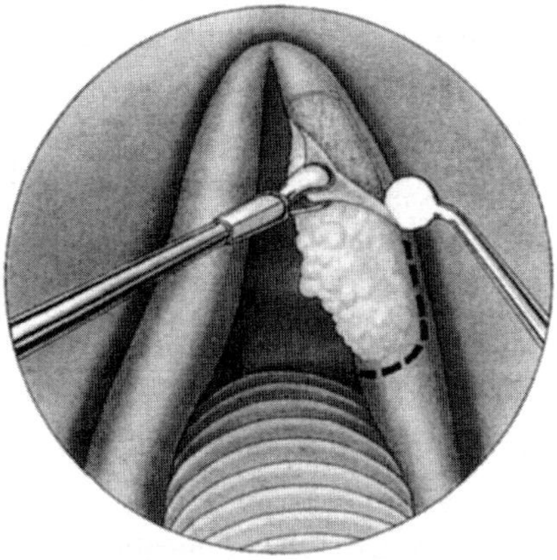

Abb. 46 Mikroskopische Betrachtung des Kehlkopfes durch das Larygoskop zur mikrochirurgischen Operation am Kehlkopf.

anschließenden logopädischen Übungsbehandlung kann man in praktisch allen Fällen eine Normalisierung bzw. deutliche Verbesserung der Stimme erreichen.
Auch wenn *Laser* oft als revolutionierende Hochtechnologieinstrumente in der Chirurgie gepriesen werden, sind sie für stimmverbessernde Kehlkopfoperationen nicht immer am besten geeignet. Bei den in der Kehlkopfheilkunde verwendeten Kohlendioxidlaser kommt es zu einer Hitzeschädigung auch des umgebenden Gewebes. Dadurch können auch Vernarbungen tieferer Schichten der Stimmlippen entstehen, wodurch in diesem Bereich die normalen Stimmlippenschwingungen aufhören. Die Folge ist eine permanente Heiserkeit. Bei manchen krankhaften Veränderungen ist der Laser jedoch von großem Nutzen. Erweitertete Blutgefäße lassen sich damit verschorfen und vor allem bei bestimmten Krebsgeschwüren des Kehlkopfes kann damit eine sehr schonende und für den Patienten viel weniger belastende Operationstechnik gewählt werden, als dies bei einer konventionellen Operation von außen der Fall wäre.

Kehlkopfentfernung

Manchmal ist es zur Heilung einer Krebserkrankung erforderlich, den Kehlkopf vollständig zu entfernen und die Luftröhre zur Aufrechterhaltung der Atmung in die Halshaut einzunähen. Nach völliger Entfernung des Kehlkopfes geht die Stimme zunächst verloren. Da aber das Ansatzrohr mit all seinen resonatorischen und artikulatorischen Funktionen erhalten geblieben ist, fehlt nur ein neuer Mechanismus, um mit Hilfe einer neuen Glottis einen Stimmklang zu produzieren. Dieser kann dann wie bei normaler Stimmbildung im Ansatzrohr die Modifizierung zum Sprachlaut erfahren.

- Als Luftreservoir kann die Speiseröhre dienen. Der Kehlkopflose erlernt durch Übung, die Luft in die Speiseröhre aufzunehmen und sie in einer Art „Aufstoßen" wieder von sich zu geben. Eine neue Engstelle im Sinne einer Ersatzstimmritze bildet sich in Form einer Gewebsfalte im Rachen (Abb. 47). Die Ersatzstimme des Kehlkopflosen, die sogenannte *Speiseröhrenstimme*, ist rau und tiefer als normal, ihre Modulationsfähigkeit ist eingeschränkt, jedoch ist sie ausreichend für eine normale lautsprachliche Kommunikation.

- Daneben gibt es eine Reihe von technischen elektronischen Sprechhilfen: Beim sogenannten *„elektronischen Kehlkopf"* wird eine Membran von einem batteriebetriebenen Tongenerator zum Schwingen gebracht. Wird diese schwingende Membran an die Halshaut angepresst, werden die Schwingungen durch die Halsweichteile in das Ansatzrohr weitergeleitet (Abb. 48). Dieser von außen eingestrahlte Klang kann durch die üblichen Artikulationsbewegungen zu hörbaren und verständlichen Sprachlauten ausgeformt werden. Die Sprache mit dem elektronischen Kehlkopf ist normalerweise gut verständlich, klingt jedoch sehr künstlich, „roboterhaft". Der erste derartige elektronische Kehlkopf wurde 1940 in Amerika entwickelt und wurde neben seiner Verwendung für Kehlkopflose auch in Walt-Disney-Kinderfilmen für Stimmen sprechender Spielzeuge eingesetzt.

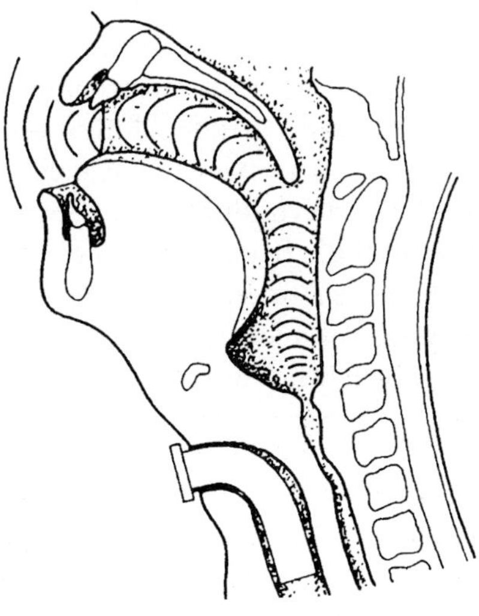

Abb. 47 Speiseröhrenstimme

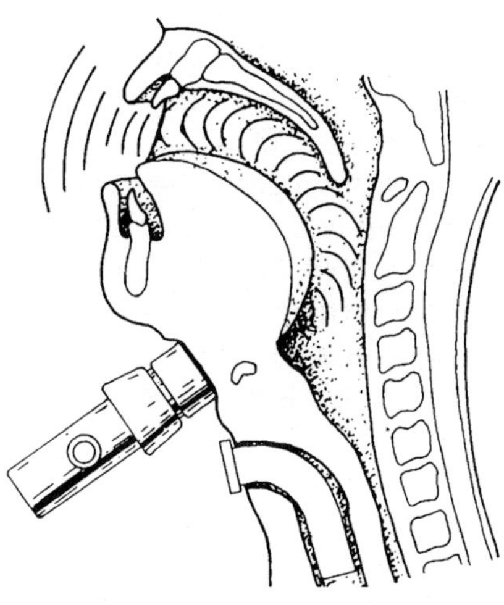

Abb. 48 Elektronischer Kehlkopf

- Schon nach der ersten Kehlkopfentfernung durch *Theodor Billroth* wurden Verfahren für eine *chirurgische Wiederherstellung* der Stimme versucht. Für den ersten derartigen Patienten konstruierte *Carl Gussenbauer* bereits einen *künstlichen Kehlkopf.* Trotz einer seit dieser Zeit nicht abreißenden Serie von neu entwickelten Operationsmethoden und neuen Erfindungen bis hin zum Versuch einer Kehlkopftransplantation ist es bisher nicht gelungen, die hoch komplexe Funktionsweise dieses Organs auch nur annähernd zu ersetzen. Vor allem scheitern die meisten derartigen Verfahren an der bisher nicht gelösten Aufgabe, einerseits die tieferen Luftwege vor dem Eindringen von Speisen zu schützen, andererseits eine ausreichend weite Öffnung für eine unbehinderte Atmung bereitzustellen. Der Einsatz eines kleinen Plastikventils zwischen Luft und Speiseröhre, eine sogenannte *Stimmprothese,* ermöglicht es neuerdings nach dem Zuhalten der Luftröhrenöffnung die Lungenluft in den Rachen umzuleiten und damit zu einer besseren Stimmbildung zu kommen.

Kehlkopflähmungen

Neue Operationstechniken ermöglichen vor allem bei Kehlkopflähmungen in vielen Fällen eine völlige Stimmwiederherstellung. Dazu werden durch Eingriffe am Kehlkopfskelett die Stimmlippen wieder in die ideale Stellung gebracht, sodass eine annähernd normale Schwingung möglich wird.
Auch *Verschiebungen der Stimmlage* lassen sich mit Operationen am Kehlkopfskelett erreichen. Die Stimmlage wird höher, wenn man Schild- und Ringknorpel einander annähert, weil sich die Stimmlippen dadurch verlängern und mehr spannen. Es ist ebenso möglich, sie zu verkürzen und ihre Spannung herabzusetzen. Der Ausgang eines solchen Eingriffes lässt sich nicht so genau vorsagen, dass er für Sänger oder Schauspieler zur Korrektur der Stimmlage geeignet wäre. Er eignet sich aber, um Anomalien zu beheben oder auch um die Stimmlage nach einer operativen Geschlechtsumwandlung dem neuen Persönlichkeitsbild anzugleichen.

Entsprechend den *mehrdimensionalen Ursachen* von Stimmstörungen bedarf es für eine erfolgreiche und effektive Behandlung praktisch in allen Fällen eines *kombinierten Vorgehens.* Durch die Auswahl und Kombination der geeignetsten Therapieverfahren, vor allem aber auch durch ein interdisziplinäres Zusammenarbeiten von Stimmärzten, Stimmtherapeuten, Gesangspädagogen, Sprecherziehern und anderen lässt sich in vielen Fällen eine völlige Wiederherstellung der stimmlichen Leistungsfähigkeit erreichen. Die absolute Voraussetzung ist jedoch die ausreichende Motivation von Seiten des Betroffenen, die meist lang dauernde Behandlung aktiv mitzumachen, und die Bereitschaft zu oft grundlegenden Veränderungen, nicht nur der Stimmgewohnheiten, sondern auch des persönlichen Lebensstils.

6 DIE SINGSTIMME

Bei gutem Gesang ist das Minimum stets das Optimum.

(M. MacKencie, 1886)

Die Ausbildung der Sprache stellt einen der wichtigsten Meilensteine in der Menschheitsgeschichte dar. Hand in Hand mit der Entwicklung der Sprache ging aber auch die Verwendung des Sprechsystems als Singorgan. Es gibt keine Kultur, in der nicht dem Gesang eine Bedeutung beigemessen wurde, z. B. als gottesdienstliches Ritual, als Darbietung zur Unterhaltung eines Publikums oder einfach als persönlicher Ausdruck von Gefühlen.

Wodurch unterscheidet sich eine Sing- von einer Sprechstimme?

Um diese Frage zu untersuchen, müssen wir zuerst eine Eingrenzung vornehmen, denn die verschiedenen Kulturkreise verfügen auch über unterschiedliche Singformen. Selbst innerhalb eines Kulturkreises kann es Gegensätze geben, bei uns etwa zwischen den Anhängern klassischer Opernliteratur und den Fans von Hardrock. Wenn also im folgenden von einer ausgebildeten Singstimme gesprochen wird, so ist damit eine im westlichen, italienischen (bel canto) Stil geschulte Stimme eines Opern-, Oratorien-, und Liedsängers oder einer solchen Sängerin gemeint. Die Frage ist somit dahingehend eingeschränkt: Was macht die Eigenheit und Schönheit einer Stimme eines *Placido Domingo* oder einer *Agnes Baltsa* aus im Vergleich zu einer *Durchschnittsstimme*?
Es ist jedem klar, dass ein Unterschied besteht, selbst Unmusikalische können eine ausgebildete Stimme von der eines Laien unterscheiden. Fragt man nach dem Unterschied, erhält man folgende Attribute einer ausgebildeten Stimme: „voller, lauter, tragfähiger, schöner, schwerer“. Ist dieser Unterschied jedoch objektiv messbar, durch physikalische Größen bestimmbar? Wenn dies möglich ist, können wir fragen, wodurch dieser Unterschied entstanden ist.
Bevor wir auf die (möglichen) Unterschiede zwischen einer ausgebildeten und einer normalen Singstimme eingehen, muss zuerst betont werden, dass sich eine *nichtausgebildete, amateurhafte Stimme beim Singen akustisch nicht von einer Sprechstimme unterscheidet*, d. h. die Eigenschaften, die in Kapitel 2 für die Sprechstimme besprochen wurden, gelten voll und ganz auch für die normale Singstimme.

Stimmgattungen

Für den Sologesang hat sich eine Sechsteilung der männlichen und weiblichen Singstimme durchgesetzt: *Bass, Bariton, Tenor, Alt, Mezzosopran, Sopran.* In Abb. 49 sind die durchschnittlichen Tonumfänge dieser Stimmgattungen dargestellt, und man erkennt, dass die Stimmlagen je-

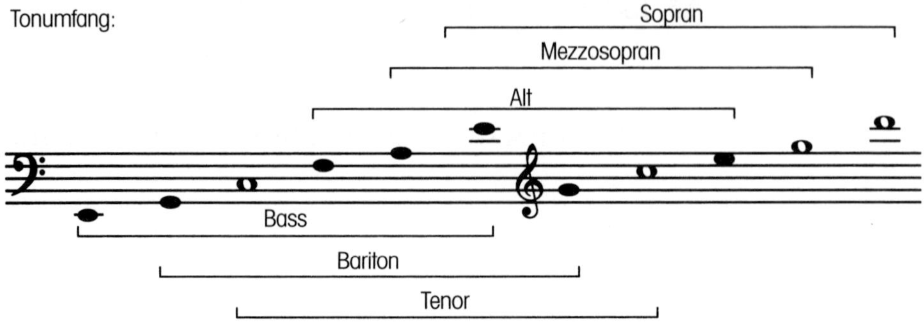

Abb. 49 Stimmgattungen der männlichen und weiblichen Stimmen und ihr durchschnittlicher Umfang.

weils etwa um eine Terz verschoben sind. Man kann noch feinere Unterschiede angeben, etwa bei Chören zwischen erstem und zweitem Sopran, oder bei Solosängern zwischen lyrischem und Heldentenor (eher eine Unterscheidung nach Klangfarbe als nach Tonhöhe). Wir wollen uns im Folgenden auf die in Abb. 49 dargestellte Einteilung der Singstimmen beschränken.

Die *Klassifizierung* der Sängerstimme in Stimmgattungen und Stimmtypen ist vorwiegend auf die Darbietung von Opern- und Konzertwerken der Vergangenheit bezogen. Im Grunde ist jede Schematisierung unnatürlich, weil es fließende Übergänge gibt. Außerdem haben sich die künstlerischen Anforderungen an den zeitgenössischen Sänger stark geändert. Dennoch stellt diese Unterteilung einen brauchbaren Kompromiss dar, der den Erfordernissen der sängerischen Praxis entspricht. Vor allem zu Beginn der sängerischen Ausbildung ist es wünschenswert, die natürlichen Anlagen eines Studierenden zu kennen und die Unterrichtsmethodik darauf einzustellen.

Eine *Zuordnung* zu den einzelnen Stimmgattungen lässt sich nur aus der Kombination verschiedener Merkmale treffen (Tabelle 3). Manchmal bleiben auch bei Berücksichtigung mehrerer Merkmale Zweifel bestehen. Dann muss man die sängerische Entwicklung abwarten und erneut eine Überprüfung vornehmen. Dies trifft vor allem auf sehr junge Sänger zu, bei denen die in der Pubertät stattfindenden Umbauvorgänge des Kehlkopfes noch nicht vollständig abgeschlossen sind. Es wird daher empfohlen, mit der Zuordnung der Stimmgattungen und einer intensiven künstlerischen Ausbildung bei Männern bis zum 18. und bei Frauen bis zum 16. Lebensjahr zu warten.

Es gibt gewisse Zusammenhänge zwischen Stimmgattungen und Körperbau. Bassisten besitzen meist eine hohe, eher dünne Gestalt, wogegen Tenöre selten über 1,75 m groß sind. Dies hängt damit zusammen, dass für die tiefe Bassstimme im allgemeinen längere Stimmlippen notwendig sind und dass die Größe des Kehlkopfes, damit auch die Länge der Stimmlippen, mit der Körpergröße in Zusammenhang stehen. Dasselbe gilt auch für Frauenstimmen: Altistinnen besitzen eher eine stärkere, Sopranistinnen eine zierlichere Statur.

Diese allgemeinen Regeln über die Zuordnung zu einer Stimmgattung sind im Einzelfall jedoch nicht immer verlässlich: Ein sehr großer, dünner Mann ist nicht

Tabelle 3 Merkmale der verschiedenen Stimmgattungen. (Nach W. Pfau)

	Sopran	Alt	Tenor	Bariton	Bass
Stimmumfang		relativ klein		relativ klein	
Mittlere Sprechstimmlage	höher als gis	tiefer als g^1	H–C	A–B	G–Gis oder tiefer
Obere Grenze des Brustregisters	Unterschiede nicht festzustellen meist h–c^1		f–fis	d–e	cis–d
Körpergröße	selten größer als 1,70 m		nicht größer als 1,80 m		selten kleiner als 1,70 m; meist größer als 1,75 m
Stimmlippenlänge (eleastischer Teil)	unter 10 mm	über 12 mm	unter 14 mm		über 15 mm

von Haus aus ein Bassist, er kann auch eine Tenorstimme besitzen. Die Stimmgattung muss auch nicht während des gesamten Lebens erhalten bleiben.

Register

Wenn man, bei tiefen Tönen beginnend, eine aufsteigende Tonleiter singt, wird man merken, dass an einer bestimmten Stelle ein Übergang erfolgt, an dem sich das Klangbild ändert: Eine vorher volle Stimme geht über in eine klangärmere, dünnere Stimme. Auch das Gefühl dessen, wo die Stimme „sitzt", welcher Körperteil den Ton stärker empfindet, ändert sich – bei den tiefen Klängen ist eher der Brustbereich angesprochen, die hohen Töne lokalisiert man eher im Kopfbereich.
Die Gesamtheit der Töne, die mit gleicher oder ähnlicher Klangfarbe gesungen werden können, wird *Register* genannt. Die Bezeichnung ist der Orgeltechnik entliehen, wo auch Töne gleicher Klangfarbe, etwa flöten- oder trompetenähnliche, in einem Register zusammengefasst sind. Der Grund für die Ähnlichkeit der Töne in einem Register liegt bei der Orgel darin, dass die dazugehörigen Pfeifen denselben tonerzeugenden Mechanismus aufweisen und auch aus demselben Material bestehen.
Bei der Stimme ist der Ursprung des Registers etwas komplizierter. Dies zeigt sich schon darin, dass die Einteilung der menschlichen Stimme in Register weder in der Phoniatrie noch in der Gesangspädagogik einheitlich ist. Im folgenden sollen diejenigen Merkmale besprochen werden, in welchen die meisten Autoren übereinstimmen:

Sowohl für Männer- als auch Frauenstimmen werden zwei Hauptregister unterschieden und nach den persönlichen Empfindungen als *Brust-* bzw. *Kopfregister* bezeichnet. Bei den Männern wird der untere, größere Teil (etwa zwei Drittel) des Stimmumfangs von der Bruststimme erzeugt, der obere von der Kopfstimme, bei Frauenstimmen dagegen wird oft weit mehr als die obere Hälfte des Stimmumfangs mit Kopfstimme gesungen.

Neben diesen zwei dominierenden Registern gibt es noch weitere:

- Im hohen männlichen Tonbereich das *Falsett* („falsche" Stimme), eine extrem dünne Männerstimme mit weiblichem Klangcharakter. Die Unterscheidung von diesem Register zur Kopfstimme ist nicht immer klar. Eine künstlerische Erweiterung der Falsettstimme findet sich bei Counter-Tenören – eine Gesangsart, die in letzter Zeit wieder in Mode gekommen ist.
- Ein entsprechendes Register bei Frauen nennt man *Flageolett* oder *Pfeifregister*, das üblicherweise von Koloratursängerinnen genutzt wird.
- Auch an der unteren Grenze der Männerstimmen wird oft ein Register angefügt, das sogenannte *Strohbassregister*, das äußerst tiefe Töne umfasst.

Im Übergangsbereich, besonders zwischen Brust- und Kopfstimme, kommt es zu einer Überlappung: Töne können sowohl im Brust- als auch im Kopfregister gesungen werden. Es gibt Autoren, die hier ein weiteres „Mittelregister" einschieben, wir wollen aber der sogenannten Zweiregistertheorie folgen.
Die Ursache für den Registerwechsel von Brust- zur Kopfstimme ist hauptsächlich in der Funktionsweise des Kehlkopfes zu finden. Je höher der erzeugte Ton sein soll, desto straffer müssen die Stimmlippen ge-

spannt sein (s. Kap. 2). Die Straffung der Stimmlippen kann aber im allgemeinen nicht kontinuierlich erfolgen, sondern bei einer bestimmten Stellung erfolgt ein schneller Wechsel von der Muskelstellung, die die Stimmlippen im unteren Tonbereich reguliert, zu einer anderen, welche die nun stärker gespannten Stimmlippen steuert. Dieses plötzliche Umkippen konnte sowohl an der Form, der Länge und Spannung der Stimmlippen, als auch an der Position der Kehlkopfknorpel sowie an der Stärke des erzeugten Luftstroms gemessen werden.

Bei der Bruststimme schwingen die Stimmlippen, d. h. die Stimmlippen schließen während eines bestimmten Zeitraums völlig. Bei der Kopfstimme ist ein Großteil der Stimmlippen straff gespannt, lediglich die Ränder sind noch beweglich (s. Abb. 17). Durch die geringere Masse der bewegten Teile können diese Randschwingungen viel schneller vor sich gehen, die Frequenz und damit der erzeugte Ton sind höher, allerdings schließen dabei die Stimmlippen nicht mehr völlig. Wie wir noch erfahren werden, ist aber eine längere Verschlussphase mit einem größerem Obertonreichtum verbunden, deshalb ist die Kopfstimme eine dünne, obertonarme Stimme.

Das Umschlagen zwischen Brust- und Kopfstimme kann manchmal verstärkt und bewusst eingesetzt werden, wie etwa beim Jodeln. Im Allgemeinen wird aber bei der ausgebildeten Sängerstimme ein hörbarer Registerwechsel als unschön empfunden, die Singstimme soll „nahtlos" von tiefen zu hohen Tönen übergehen. Der guter Sänger will den Anschein erwecken, als ob er in einem einzigen Register, einem „*Einregister*", sänge.

Daher konzentriert man sich bei der Gesangsausbildung, den Übergang zwischen den Registern unhörbar zu machen, es zu keinem „*Registerbruch*" kommen zu lassen. Diese Fähigkeit wird als *Registerausgleich* bezeichnet, und sie bedarf einer intensiven Schulung: Der Registerwechsel muss frühzeitig eingeleitet werden, es darf z. B. nicht in der Bruststimme bis in den höchsten Bereich gesungen und dann erst in die Kopfstimme umgeschaltet werden. Spezielle Atemtechnik und Training der Kehlkopfmuskulatur durch entsprechende Singübungen bewirken, dass ein Stimmmechanismus in einen anderen hinüber gleitet und nicht kippt.

Atmung und Atemstütze

Die Atmung als treibende Kraft der Stimme spielt natürlich auch beim Singen eine wichtige Rolle. Und so ist es nicht verwunderlich, dass Atemübungen bei der Gesangsausbildung einen großen Stellenwert besitzen: „Nur wer gut atmet, singt auch gut".

Durch Singen und insbesondere durch eine Gesangsausbildung wird die Kapazität und die Funktion der Lunge verbessert: Die Luftmenge, die nach maximaler Ausatmung eingeatmet werden kann bzw. die nach maximaler Einatmung ausgeatmete Luftmenge liegt weit über dem Durchschnitt von Nichtsängern. Auch die Residualluft, d. h. die Luft, die nach größter Ausatmung noch in der Lunge verbleibt, ist geringer als normal.

Bereits in den 30er Jahren dieses Jahrhunderts wurde die Stärke des Luftstroms aus der Lunge gemessen und ein interessantes Ergebnis festgestellt (Abb. 50).

Wurden Personen gebeten, von leise (p = piano) bis laut (f = forte) zu singen, zeigte sich ein großer Unterschied zwischen trai-

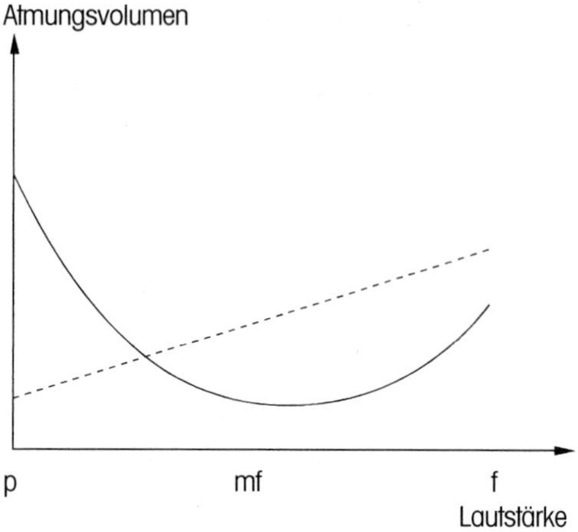

Abb. 50 Die Lautstärke in Abhängigkeit von der ausgeatmeten Luft für einen untrainierten (*gestrichelte Linie*) und einen ausgebildeten Sänger (*durchgezogene Linie*).

nierten und untrainierten Sängern. Nichtsänger lieferten das erwartete Resultat, nämlich dass umso mehr Luft von der Lunge über Kehlkopf und Mundraum strömt, je lauter gesungen wird. Anders bei ausgebildeten Sängern: Von diesen wird am wenigsten Luft bei mittlerer Lautstärke benötigt, also in dem Bereich, in dem normalerweise gesungen wird. Sowohl bei lautem, besonders aber bei leisem Singen fließt mehr Luft pro Zeiteinheit aus dem Mundraum.

Dies ist der Erfolg einer Gesangsausbildung, die unter anderem auch dahin zielt, möglichst effizient, mit möglichst wenig Kraftaufwand zu singen. Geringer Kraftaufwand bedeutet aber minimaler Luftverbrauch. Die Stimmlippen sollen leicht, ohne große Muskelanstrengung und damit verbundener Verkrampfung (gepresste Stimme) zu den gewünschten Schwingungen veranlasst werden. Fließt zuviel Luft („wilde" Luft), so wird die Stimme unrein, verhaucht.
Diese Beobachtungen zeigen aber bereits, dass die Atmung nicht gesondert, sondern nur in Wechselwirkung mit der Funktion der Stimmlippen betrachtet werden kann. Der Atemstrom regt die Stimmlippen zu Schwingungen an; diese wiederum bilden das Haupthindernis des Luftstroms und bewirken, dass sich unter dem Kehlkopf ein erhöhter Druck ausbildet.

Atemstütze

In diesem Wechselspiel muss auch die *Atemstütze* (*Appoggio*) gesehen werden, die Gesangspädagogen für ein effizientes Werkzeug betrachten, um die Lungenkapazität optimal zu nutzen und Atmung und Kehlkopffunktion zu koordinieren. Dazu gehört z. B. eine Kontrolle des Muskelempfindens für den unter dem Kehlkopf aufgebauten Druck. Dieser Druck entsteht zum Teil aufgrund des durch die Einatmung entstandenen Spannungsdruckes der Muskeln. Die Atemstütze besteht in einer bewussten Verlangsamung und Führung der Ausatmung, mit einer genau dosierten und auf den Kehlkopf abgestimmten Luftabgabe. Außerdem kann der unter dem Kehlkopf aufgebaute Druck exakt kontrolliert und mit der Spannung der Stimmlippen abgestimmt werden.
Teilweise wird zwischen einer *Zwerchfell-* und einer *Bruststütze* unterschieden, in der Annahme, entweder das Zwerchfell oder die Zwischenrippenmuskulatur übernähmen die führende Rolle beim Stützvorgang. Aus physiologischer Sicht sind – ähnlich wie bei der Atmung – Extreme grundsätzlich unökonomisch und daher nicht optimal. Nur ein koordiniertes Zusammenspiel aller Teile des Atemapparates sowie des gesamten Stimmapparates überhaupt sind die Voraussetzung für sängerische Hochleistungen.

Warum ist für den Sänger eine genaue Kontrolle des Druckes vor den Stimmlippen derart wichtig?

Steigender Druck bewirkt, dass die Stimmlippen stärker schwingen, der ausgesandte Ton wird lauter. Bei der Sprechstimme zeigen Messungen, dass ein größerer Druck auch zu einer stärkeren Spannung der Stimmlippen führt, d. h. der Ton wird gleichzeitig höher. Lauteres Sprechen ist daher im allgemeinen mit höherer Tonlage verbunden.
Für das Singen wäre dies eine enorme Einschränkung: Ein Crescendo (ein kontinuierliches Lauterwerden) etwa könnte nie auf der gleichen Frequenz gesungen werden, sondern der Ton würde immer höher. Die Gesangsausbildung muss also dazu führen, dass sich die Kopplung zwischen Lautstärke und Tonhöhe löst und dass der Sänger bewusste Kontrolle über beide Parameter besitzt. Dies ist eine sehr schwierige Aufgabe, die unter anderem durch Atemübungen bewältigt werden muss. Töne in verschiedener Lautstärke singen zu können, gehört bereits zur hohen Schule des Gesanges. Daher gelten auch der *Schwellton* (Messa di voce), bei dem auf gleichbleibender Tonhöhe nach einem leisen Einsatz das allmähliche Lauterwerden der Stimme bis zur größten Intensität und die allmähliche Rücknahme wiederum bis zum Piano verlangt werden, und der *Gleitton* (Glissando), bei dem bei gleichbleibender Lautstärke über den gesamten Stimmumfang gesungen werden muss, zu den schwierigsten gesangstechnischen Leistungen.

Die ausgebildete Stimme

Eine ausgebildete Singstimme klingt immer tragender, voller als eine untrainierte, die man – insbesondere im direkten Vergleich – als dünn, schmal empfindet. Ein Grund dafür besteht darin, dass die trainierte Singstimme eine „dunklere" Klangfarbe besitzt („gedeckte" Stimme). Ebenso findet man, dass eine volle Stimme *obertonreicher* ist, die Zahl der Obertöne und auch deren Intensität ist größer. Die Abb. 51 demonstriert den Effekt der Ausbildung einer Stimme hinsichtlich der Erzeugung von mehr und stärkeren Obertönen.

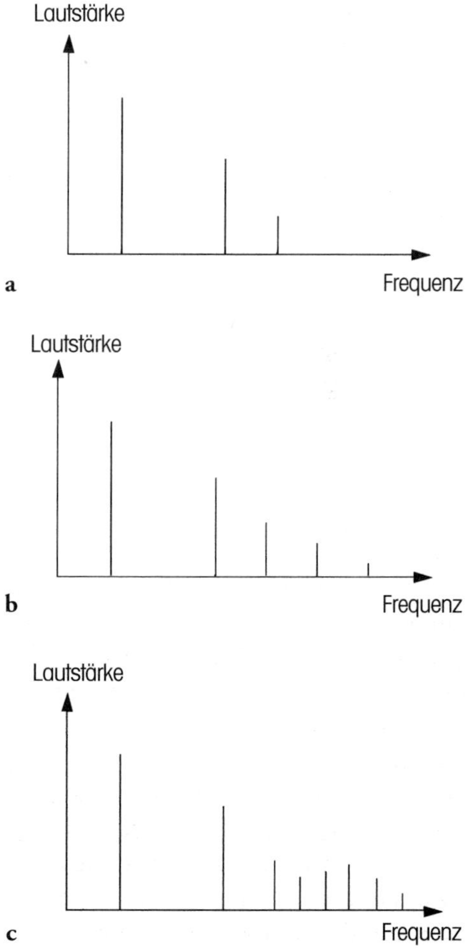

Abb. 51 Der Effekt einer Stimmausbildung auf Zahl und Stärke der Obertöne. **a** Untrainierte Stimme, **b** 6 Monate Gesangstraining, **c** ausgebildeter Sänger.

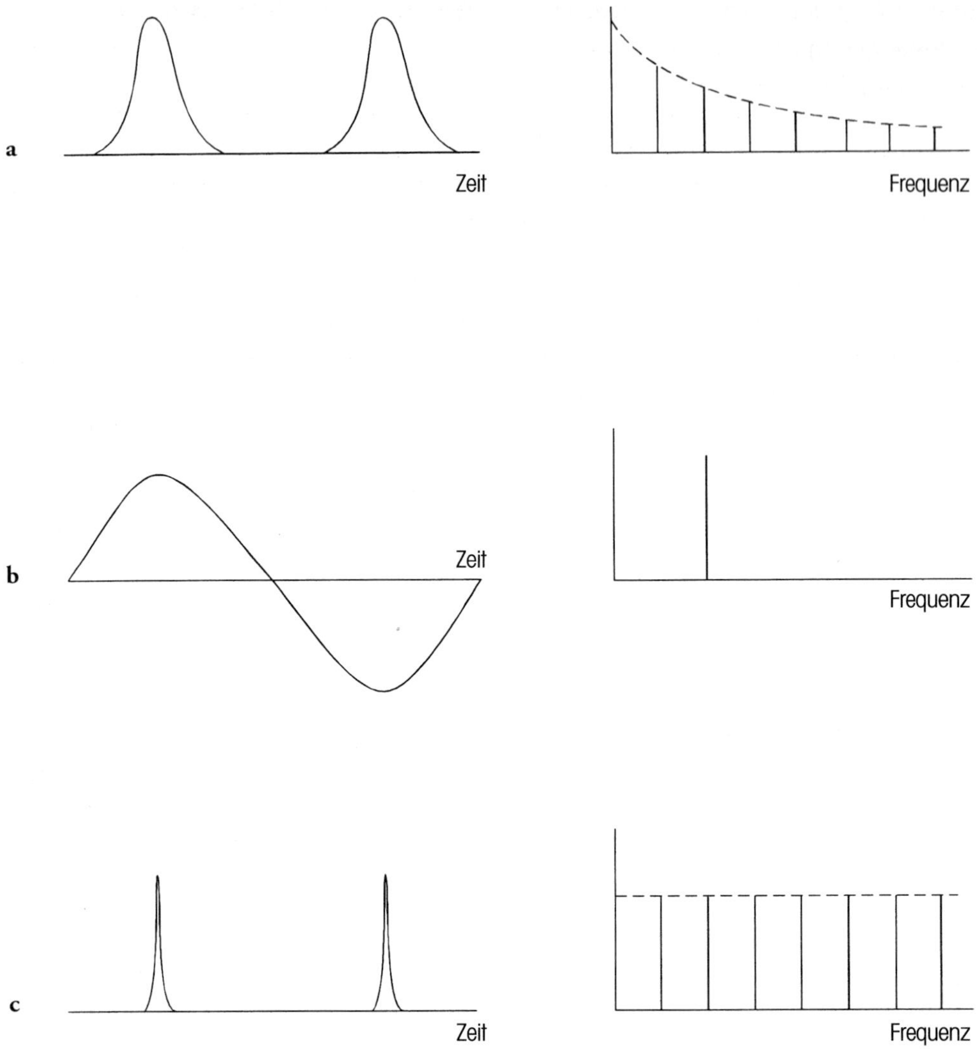

Abb. 52 Wellenform und Frequenzspektrum **a** einer Stimmbandschwingung, **b** einer Sinusschwingung und eines äußerst kurzen Pulses

Um die Ursache für diesen Obertonreichtum zu erkennen, müssen wir einen kurzen physikalischen Exkurs machen. Die Abb. 52 a zeigt die bereits in Abb. 18 besprochene Beziehung zwischen Stimmbandschwingung und Frequenzspektrum mit Grund- und Obertönen. Darunter ist eine reine, harmonische (Sinus-)Schwingung dargestellt, die nur einer Frequenz entspricht und deshalb im Frequenzspektrum nur als Grundfrequenz ohne Obertöne aufscheint. Demgegenüber steht in Abb. 52 c eine Serie von sehr, sehr kurzen Pulsen, die jeweils in gleichen Abständen erzeugt werden. Analysiert man diese Schwingungsform, erhält man einen Grundton, dessen Höhe sich aus dem Zeitabstand der Pulse ergibt, und viele starke Obertöne.

Die Abb. 52 zeigt uns, wie ein größerer Obertonreichtum erzielt werden kann: Die Öffnungsphase der Stimmlippen

muss verkürzt werden, bei gleicher Schwingungsdauer müssen die Stimmlippen länger geschlossen bleiben.
Dies kann natürlich nicht direkt, bewusst beeinflusst werden, sondern kann wiederum nur über spezielle Übungen in monate- und jahrelangem Training erreicht werden. Ein Ziel der Übungen ist es, die Atmung effizient zu gestalten, d. h. mit minimaler Luftmenge die Stimmlippen in gewünschte Schwingungen zu versetzen. Eine längere Verschlusszeit bewirkt aber genau dies, dass nämlich weniger Luft durch den Kehlkopf strömen kann. Gute Ausnutzung des Atemvolumens geht so Hand in Hand mit einer Verstärkung der Obertöne, mit einer volleren Stimme.

Der Singformant

Ebenfalls zu Beginn der 30er Jahre wurde ein weiteres, besonderes Charakteristikum von Sängerstimmen gefunden: Im Frequenzspektrum von Sängern tritt ein weiterer Formant bei höheren Frequenzen (um 3000 Hz) auf, der bei untrainierten Stimmen völlig fehlt (Abb. 53). Weitere systematische Studien haben gezeigt, dass dieser sogenannte *Singformant* oder *Sängerformant* bei tieferen Stimmen stärker ausgeprägt ist als bei Frauenstimmen. Aber auch bei diesen zeigte sich der bemerkenswerte Unterschied, dass weltberühmte Sopranistinnen sehr wohl einen Singformant besitzen, durchschnittliche Sopranistinnen jedoch nicht.
Der schwedische Musiktheoretiker *Johan Sundberg* stellte um 1970 fest, dass man den Singformanten nicht als eigenen, neuen Formanten bezeichnen sollte, sondern dass mehrere höhere Formanten frequenzmäßig zusammenrücken und außerdem verstärkt ausgebildet sind. Ein weiteres Charakteristikum besteht darin, dass oberhalb des Singformanten kaum Obertöne auftreten (Abb. 53). Diese Elimination der Obertöne höherer Frequenzen trägt zu einem reineren Gesamtton bei und lässt den Gesangsformanten noch deutlicher in Erscheinung treten.
Bezüglich des Singformanten ergeben sich zwei Fragen: Die erste nach der Ursache des Formanten und ob man ihn bewusst erzeugen kann oder eher unbewusst durch Singschulung aufbauen muss. Die zweite Frage bezieht sich auf den Nutzen des Formanten: In welcher Weise trägt er zur Tonqualität bei?

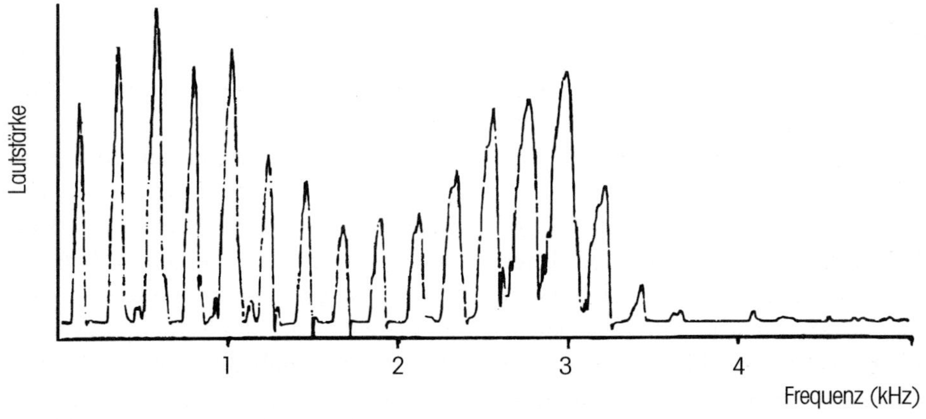

Abb. 53 Singformat (bei etwa 3 000 Hertz).

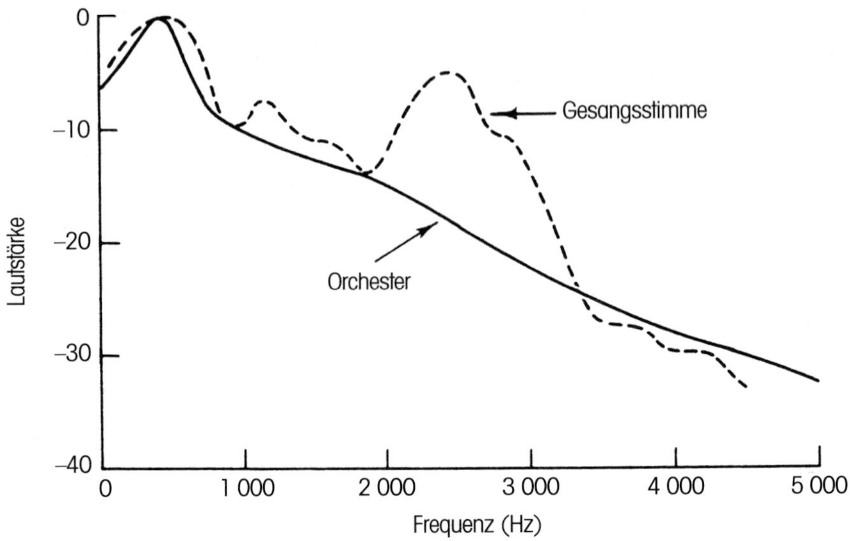

Abb. 54 Abhängigkeit der mittleren Intensität von der Frequenz für Orchester (*durchgezogen*) und Orchester mit Singstimme (*gestrichelt*).

Die Antwort auf die zweite Frage hat *J. Sundberg* gegeben: Er zeigte, dass ein Singformant ungemein wichtig ist, wenn ein Sänger/eine Sängerin neben einem Orchester bestehen muss, wie dies z. B. im Opernbetrieb der Fall ist. Rein energetisch betrachtet ist es nämlich fürs erste völlig unverständlich, dass man die Stimme einer zierlichen Sopranistin mit beschränkter Muskelenergie des Brustkorbs und dem kleinen Resonanzkörper des Mundraums vernehmen kann, wenn gleichzeitig ein Orchester spielt. In diesem summieren sich die Muskelenergien von bis zu 100 Personen, die außerdem teilweise mit gewaltigen Resonanzkörpern (einer Tuba etwa) ausgestattet sind. Dennoch hört man die Sopranistin!

In Abb. 54 ist das Frequenzspektrum eines Orchesters dargestellt mit einer Energiespitze bei etwa 500 Hz. Bei höheren Frequenzen nimmt die Intensität kontinuierlich ab. Ein sehr ähnliches Spektrum besitzt auch eine Sprech- bzw. nichttrainierte Singstimme. Eine solche Stimme kann sich gegen ein Orchester nicht durchsetzen, man würde sie einfach nicht hören.

Bei der ausgebildeten Stimme jedoch sticht der Singformant bei etwa 2500 Hz deutlich hervor, und aufgrund dieser größeren Intensität bei höheren Frequenzen hebt sich eine Singstimme deutlich vom Orchesterklang ab. Der Singformant verstärkt die Singstimme in einem Bereich, in dem die Orchesterintensität bereits schwächer ist – nur hier ergibt sich die Chance, das Ungleichgewicht der zur Verfügung stehenden Energien zu kompensieren und der geringeren Energie Gehör zu verschaffen.

Die Ursache des Singformanten war lange Zeit rätselhaft bzw. umstritten. Es zeigte sich jedoch immer klarer, dass der Aufbau eines Singformanten mit einer *Tiefstellung des Kehlkopfs* zusammenhängt. Durch diese tiefere Lage des Kehlkopfes erweitert sich der oberhalb der Stimmlippen gelegene Kehlkopfraum und der Rachen. Dieser Raum hat spezifische Eigenresonan-

zen, die im besonderen den Bereich zwischen 2500 und 3500 Hz verstärken.
Eine besondere Rolle soll bei der Bildung des Singformanten auch den *Kehlkopfventrikeln* (Morgagni-Taschen) – die auch bei den Tieren teilweise schallverstärkende Wirkung haben – zukommen. Untersuchungen zeigten, dass sehr gute Stimmen besonders große Kehlkopfventrikel haben. Der Ventrikel scheint dabei nicht als Resonator zu funktionieren, sondern wie ein der schallerzeugenden Glottis nachgeordneter Trichter, wie ein Megaphon.
Auch hier gilt, dass die tiefere Lage des Kehlkopfes und die eventuelle Vergrößerung der Morgagni-Taschen nur über langjähriges Training, in diesem Fall spezieller Halsmuskeln, bewirkt werden.
Bei der Analyse von Eigenresonanzen von *Geigenkörpern* hat sich ebenfalls gezeigt, dass auch hier eine Resonanz bei etwa 2000 Hz eine wichtige Rolle spielt. Berühmte alte Geigen, wie *Stradivaris* oder *Guarneris*, weisen eine deutlich abgesetzte Resonanz ähnlich dem Gesangsformanten auf, Fabriksgeigen oder weniger berühmte Geigen besitzen keine solche Resonanz oder sie erstreckt sich über einen größeren Frequenzbereich.
Durch die Senkung des Kehlkopfes wird auch der gesamte Vokaltrakt, der Resonanzraum von den Lippen bis zu den Stimmlippen, länger. Dies bewirkt, dass bei Sängern die Hauptformanten im allgemeinen bei etwas niederen Frequenzen liegen. Und dies äußert sich in einer dunkleren Stimme (voix couverte), einem „gedeckten" Singen, was auch von vielen Fachleuten als Teil einer schönen Stimme bezeichnet wird.

Formantverschiebung

Für die Vokalbildung sind die ersten zwei Formanten die wichtigsten, diese beiden charakterisieren bereits den Vokal, sie besitzen auch die größte Intensität (s. Kap. 2). Die Abb. 55 zeigt die Eigenschaften der ersten beiden Formanten für die Grundvokale, diesmal allerdings in Notenschreibweise. Die Information aus Tab. 1 wird hier in musikalischer Form dargeboten: Die Noten ergeben sich aus den Frequenzen des 1. (untere Reihe) und des 2. Formanten (obere Reihe). Die Halbnoten entsprechen einer männlichen, die Viertelnoten einer weiblichen Stimme. Die Lautstärkebezeichnung beim 2. Formanten zeigt die relative Intensität des 2. zum 1. Formanten an; pp bedeutet, dass der 2. Formant weit schwächer, mf dass beide annähernd gleich stark ausgeprägt sind.

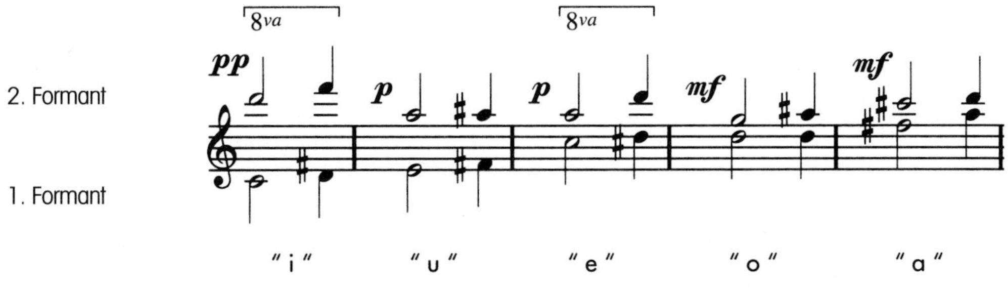

Abb. 55 1. Formant (*untere Notenreihe*) bzw. 2. Formant (*obere Notenreihe*) der erzeugten Vokale für die männlichen (Halbtöne) und weiblichen Stimmen (Vierteltöne).

Vergleichen wir die Lage der Formanten mit den Stimmlagen der einzelnen Stimmgattungen (s. Abb. 49): Man erkennt, dass bei den Männerstimmen kaum eine Überlappung eintritt, lediglich die höchsten Töne von Bariton oder Tenor kommen in den Bereich des ersten Formanten des Vokals „i“ bzw. „u“. Bei Frauenstimmen ist die Situation anders: Sowohl die tiefen als auch die hohen Lagen überdecken zumindest zum Teil den 1. Formanten, Sopranistinnen bei einigen Vokalen sogar den 2. Formanten.

Welche Auswirkungen ergeben sich daraus?

Wir wissen, dass ein Formant, eine Resonanz des Mundraums, eine Verstärkung des Tones bedeutet. Singt nun z. B. eine Sopranistin den Vokal „o“ auf den Ton d^2, so entspricht dieser Ton genau der Frequenz des Formanten, der Ton d^2 wird maximal verstärkt. Singt die Sängerin darauf den Vokal „i“ am gleichen Grundton d^2, so ist die Frequenz etwa eine Oktave vom 1. Formanten und mehr als 2 Oktaven vom 2. Formanten entfernt – der Ton wird weit weniger verstärkt. Wird also etwa der Name „Toni“ auf dem Ton d^2 gesungen, wird der Stimmlaut beim „o“ mehr verstärkt, er ist lauter, der Rest leiser. Das ist natürlich eine unbefriedigende Situation, die vom Sänger folgendermaßen korrigiert werden kann.
Sänger und insbesondere Sängerinnen führen eine sogenannte *Formantverschiebung* durch (Abb. 56). Durch Änderung des Mundraums, hauptsächlich durch Öffnung des Mundes, wird der erste, manchmal auch der zweite, Formant derart verschoben, dass er mit der gesungenen Tonhöhe übereinstimmt und somit der Verstärkungseffekt erreicht wird. Hier erhebt sich natürlich der berechtigte Einwand, dass dies nicht beliebig angewendet kann: Die Lagen der Formanten bestimmen die Vokale, sodass eine Formantverschiebung Auswirkungen auf die gesungenen Vokale haben muß. Dies stimmt auch und ein gesungenes „i“ klingt manchmal auch eher wie ein „e“ usw. Gesungene Opern oder Liedtexte sind daher oft schwer verständlich. Andererseits wird die Situation dadurch gemildert, dass die Vokale natürlich in einem Zusammenhang (Wort, Satz) gesungen werden und der Zuhörer undeutliche Vokale sinngemäß korrigiert.
Formantverschiebungen sind nicht nur für hohe Stimmen, sondern auch für Männerstimmen nachgewiesen. Dabei wird allerdings nicht die Intensität der Grundfrequenz des gesungenen Tons verstärkt, sondern die Intensität eines Obertons wird erhöht.
Die Technik des Formantverschiebens ist Teil der Gesangsausbildung. Allerdings haben sich in den letzten Jahren Zweifel über den Stellenwert dieser Technik erhoben. Durch die Formantverschiebung werden nicht nur die Vokale undeutlicher, es wird auch die Klangfarbe eine Tons verändert. Bei einer zusammenhängenden Abfolge von Tönen sind die Sänger eher bedacht sind, das Klangbild beizubehalten, also keine Formantverschiebung durchzuführen. Werden Töne aber unabhängig voneinander gesungen (z. B. durch Pausen getrennt), so wird mittels Formantverschiebung versucht, in jedem Fall größtmögliche Intensität zu erreichen.
Es gibt somit einen gewissen *Gegensatz* zwischen *Wortverständlichkeit* und *optimaler Singtechnik*. In künstlerischer Form wurde dieses Thema von *Salieri* in dem 1786 komponierten Stück „Prima la mu-

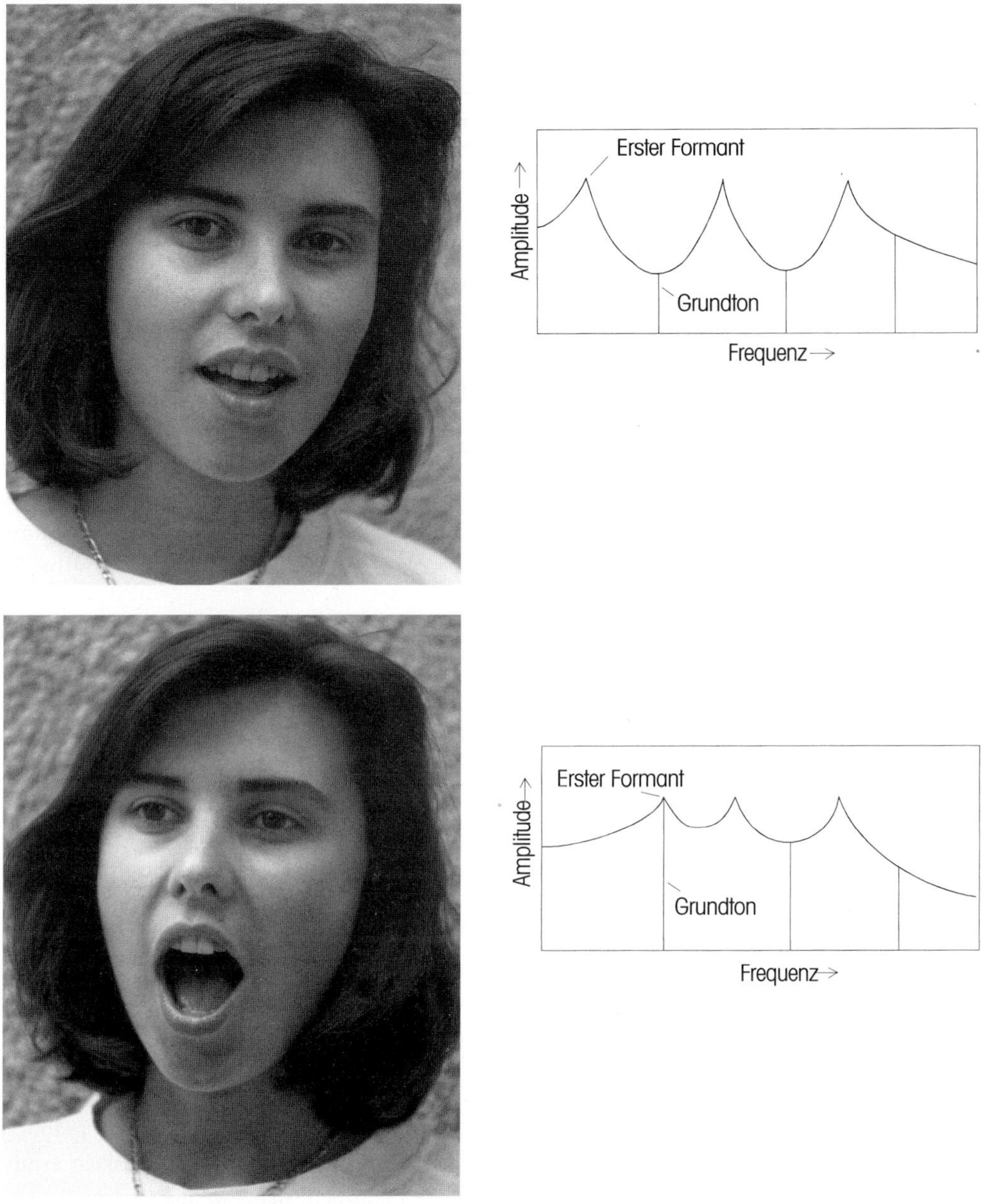

Abb. 56 Formantverschiebung durch Variation des Mundraums.

sica, poi le parole" zugunsten der Musik entschieden. Im Gegensatz dazu steht die moderne Musikauffassung, bei der vor allem im Chanson der Text gleichberechtigt ist bzw. in vielen Fällen in der Bedeutung vor der Gesangstechnik eingeordnet wird.

Das Vibrato

Das Vibrato bildet einen weiteren, wichtigen Unterschied zwischen einer ausgebildeten und einer Laienstimme. Es fehlt bei einer nicht ausgebildeten Stimme meist völlig, bildet sich während einer Gesangsausbildung kontinuierlich aus, und zum Teil kann der Ausbildungsstand eines Sängers oder einer Sängerin an der Stärke und Konstanz des Vibrato abgelesen werden.

Ein Vibrato ist eine *Schwankung* um einen *Mittelwert*, wobei diese periodische Bewegung die Tonhöhe betreffen kann, aber auch die Lautstärke oder die Klangfarbe. Die Schwankung geschieht im Mittel etwa sechsmal in der Sekunde, obwohl Vibrati mit einer Frequenz in einem Bereich von 5 bis über 10 Hertz gemessen wurden.

Das Tonhöhenvibrato ist dominierend gegenüber der Schwankung der Lautstärke. Es gibt einige Fachmeinungen, die die Variation der Lautstärke (und auch die der Klangfarbe) eher als Folgeerscheinung der Tonhöhenschwankungen sehen, denn als eigens gebildetes, unabhängiges Vibrato. Dem steht zum Teil entgegen, dass bestimmte Sänger die Vibrati im Gleichtakt (hoher Ton gleichzeitig mit großer Lautstärke), andere aber im Gegentakt (hoher/tiefer Ton mit leiser/lauter Stimme) ausführen.

Die Ursache des Vibratos ist noch nicht eindeutig festgelegt: Das Tonhöhenvibrato muss natürlich in einer Schwingungsschwankung der Stimmlippen begründet sein, es ist aber noch nicht genau erforscht, ob diese aufgrund von Schwingungen der Kehlkopfmuskulatur (die eine Spannungsschwankung der Stimmlippen hervorruft) oder von periodischen Bewegungen der Brustmuskulatur oder des Zwerchfells (dies würde primär eine Schwankung des Atemdrucks bewirken) entstehen.

Ein Vibrato der Klangfarbe sollte mit einer Schwankung des Vokaltrakts zusammenhängen, und tatsächlich sieht man bei Sängern oft rhythmische Kontraktionen des Rachens in der Vibratofrequenz. Tatsächlich dürfte ein Vibrato auf dem Zusammenwirken mehrerer Komponenten – Atmung, Kehlkopfmuskulatur, Resonanzeffekte im Mundraum – beruhen, und dementsprechend erst durch langes Training aufgebaut und perfektioniert werden.

Ein Vibrato tritt nicht nur bei der menschlichen Stimme in Erscheinung, sondern ist z. B. auch fixer Bestandteil eines schönen Klangs von Streichinstrumenten und wird dementsprechend gezielt geübt.

Der Sinn und Zweck des Vibratos einer Singstimme ist ein mehrfacher, wobei es über die Wichtigkeit der einzelnen Punkte noch keine einheitliche Meinung gibt:

- Schwankt der Ton um einen Mittelwert, so ist es leichter, diesen Ton genau anzusingen, „zu treffen", bzw. diesen Ton zu halten. Ein Ton muss also nicht mit größter Frequenzgenauigkeit gesungen werden.
- Wird ein Ton mit exakt konstanter Tonhöhe gesungen, so müsste die Stimmlippenspannung völlig gleich bleiben. Dies gelingt jedoch in keinem Fall, da jeder Muskel natürlicherweise stets leichte Aktivitätsschwankungen zeigt, also immer leicht „zittert". Es ist also prinzipiell unmöglich, die Stimme völlig konstant zu halten. Wird mit Vibrato gesungen, werden die Spannungszustände der Muskeln laufend geändert und kontrolliert, und die Muskeln ermüden darüber hinaus weniger rasch.
- Der eben besprochene Effekt betrifft zumindest im gleichen Ausmaß das Aufnahmeorgan, das menschliche Ohr. Vom Hörmechanismus, wie praktisch von allen Sinnesorganen, weiß man, dass sie auf Veränderungen empfindlicher reagieren als auf einen konstanten Reiz. Ein Vibrato wird deshalb aufgrund seiner Schwankungen als

gleichbleibender Ton empfunden, ein insbesondere in der Tonhöhe konstanter Ton würde immer schlechter wahrgenommen.

- Ein in Tonhöhe, Lautstärke und Klangfarbe stetig variierender Ton wird als voller empfunden – ein in Frequenz und Lautstärke völlig konstanter Ton klingt dagegen unnatürlich, roboterhaft und leer.
- Die Selbstkontrolle eines gesungenen Tons ist äußerst wichtig. Das Hören des selbst erzeugten Klangs erfolgt weniger über die Ausbreitung in der Luft und die Einstrahlung über das eigene Ohr, sondern vielmehr über die Schallleitung im Kopf (über Eustachische Röhre, Knochen,...). Bei der Schallleitung spielen auch andere Resonanzräume, wie Nasenraum, Stirnhöhlen, eine wichtige Rolle. Außerdem stellte man fest, dass dieser Mechanismus der Tonkontrolle mittels Kopfresonanzen mit einem Vibrato effektiver arbeitet als bei konstantem Ton.

Das beschriebene Vibrato wird in dieser Form hauptsächlich von der westlichen Musik gefordert. In anderen Musik und Gesangsstilen herrschen andere Hörgewohnheiten und Forderungen vor. So wird in gewissen fernöstlichen Gesangstraditionen eine möglichst „geradlinige“ Stimmgebung gefordert, bei anderen Gesangsstilen dagegen kommen Tonhöhe- und Lautschwankungen in einer Form vor, wie sie bei uns als überhöht (sogenanntes Tremolo) empfunden werden würden.

Was ist eine „schöne“ Stimme?

In den vorigen Abschnitten haben wir subjektiv hörbare und objektiv messbare Unterschiede zwischen einer Normalstimme und einer trainierten Singstimme besprochen. Die Ausbildung folgt Erfahrungswerten jahrhundertelanger Tradition. Das Ziel ist eine Singstimme, die hauptsächlich in Oper und Konzert, meist mit Instrumental- bzw. Orchesterbegleitung zur Geltung kommen sollte. Dieser europäische Gesangsstil wird oft mit dem Attribut „bel canto“, schöner Gesang, versehen, und Freunde von klassischer Musik werden dieser Definition auch vorbehaltlos zustimmen.

Dennoch hat eine solcherart geschulte Gesangsstimme in anderen Eigenschaften Einbußen erlitten, z. B. in der Leichtigkeit und Beweglichkeit. Vor allem verliert die Stimme aber ihre Natürlichkeit, denn eine gedeckte Stimme klingt oft gekünstelt. Vorwürfe dieser Art werden häufig von Anhängern moderner Singrichtungen, wie Jazz, Rock oder Musical, vorgebracht. Die Bedürfnisse und auch Voraussetzungen beider Richtungen, Klassik wie Moderne, sind jedoch völlig verschieden. Der klassische Sänger muss sich meist gegenüber einem Orchester behaupten, der moderne Sänger jedoch hat elektronische Hilfsmittel, um seine Stimme hervorzuheben. Dies gibt ihm die Möglichkeit, die Eigenart seiner Stimme zu betonen, sich von anderen Kollegen und Kolleginnen zu unterscheiden; die Stimmen von Opernsängern sind einander viel ähnlicher.

Dies hängt auch damit zusammen, dass ein klassischer Sänger versucht, werkgetreuer zu singen, den Ideen des Komponisten genauer zu folgen. Bei modernen Liedern wird ein Text weit persönlicher interpretiert, wobei oftmals versucht wird, auch eine große Gefühlskomponente zu vermitteln. In diesem Sinne ist dem Sänger die Natürlichkeit, die Eigenart seiner Stimme wichtiger als etwa die Ausgefeiltheit des Tons. Ein Vibrato hat dabei seinen Sinn verloren.

Aber auch die „Natürlichkeit" der Stimme erlebt bereits eine Abwandlung. Eine tragfähigere, vollere Stimme ist dadurch charakterisiert, dass, durch tieferen Kehlkopf und dadurch längerem Vokaltrakt bedingt, die Formanten zu tieferen Frequenzen verschoben werden. Messungen bei Schlager- und Broadwaysängerinnen haben gezeigt, dass, wohl um den Grad der Frische und Natürlichkeit zu verstärken, ein gegenteiliger Mechanismus – bewusst oder unbewusst – entwickelt wird: Die Formanten werden, verglichen zur Sprechstimme, zu höheren Frequenzen verschoben, der Kehlkopf muss dafür möglichst hoch gehalten werden. Um bewusst natürlich zu klingen, verlässt man die natürliche Stimme!

Über die Beurteilung der Schönheit einer Stimme kann wohl nie ein Konsens erreicht werden. Mit den obigen Bemerkungen ist nur angedeutet worden, wie kulturelle (Entwicklung der Oper) oder technische (elektrische Verstärker, Aufnahme- und Wiedergabemöglichkeiten) Bedingungen die Anforderungen und Möglichkeiten der menschlichen Stimme beeinflussen und damit auch, was zu verschiedenen Zeiten als schöne Stimme akzeptiert wird. Über Jahrhunderte wurde z. B. eine Kastratenstimme als das größte Gesangsideal angesehen. Diesem Urteil schließen sich heute die Anhänger weder der klassischen noch der modernen Musik an.

Insgesamt ist die schöne und leistungsfähige Stimme das Resultat eines Zusammenwirkens einer Vielzahl angeborener und erworbener äußerer und innerer Faktoren. Erst das glückliche Zusammentreffen optimaler organischer Voraussetzungen im Bereich des Stimmapparates, ein hochdifferenziertes, feinmotorisches Steuerungsvermögen, hohe Musikalität und künstlerisches Empfinden schaffen die Voraussetzungen, auf denen durch jahrelanges konsequentes Training mit Hilfe geschulter Gesangspädagogen herausragende künstlerische Stimmleistungen erbracht werden können.

7 BESONDERE STIMMLICHE ERSCHEINUNGSFORMEN

WIR HABEN gesehen, welcher komplizierte Funktionsmechanismus dem menschlichen Stimmapparat zugrunde liegt und wie man durch langjähriges Training das Stimmspektrum gezielt verändern kann. Ein derart variables System reizt natürlich, dessen Grenzen auszuloten. Dementsprechend haben sich auch extreme Erscheinungsformen der menschlichen Stimme entwickelt:

- Sprechen, ohne anscheinend den üblichen Stimmapparat zu benutzen: die *Bauchrednerkunst.*
- Singen in unnatürlichen Höhen, so z. B. der in früheren Jahrhunderten sehr beliebte *Kastratengesang.*
- Als Einzelperson zweistimmig singen – für *Obertonsänger* ist dies möglich.
- *Jodeln,* das sich aus einer Verständigungsform zu einer volkstümlichen Kunstform entwickelt hat.
- Zum Abschluss dieses Kapitels sollen Eigenschaften des *Pfeifens* besprochen werden, da zumindest der Resonanzraum des Instrumentes „Pfeifen" mit dem des Instrumentes „Stimme" identisch ist.
- Beginnen wir aber mit einer leisen Sprechform, dem *Flüstern.*

Die Flüsterstimme

Die Flüsterstimme hat starken *Geräuschcharakter* und entsteht beim Entweichen der Atemluft durch eine unvollständig geschlossene Stimmritze. Durch Turbulenzbildung an der engsten Stelle des Luftweges, dort wo der Luftstrom seine größte Geschwindigkeit hat – also im Bereich der Stimmritze – entsteht ein undifferenziertes Geräusch, mit dem das Ansatzrohr angeblasen wird. Anstelle der resonatorischen Verstärkung von Teiltönen, wie bei der normalen Vokalbildung, tritt jetzt eine Verstärkung von Geräuschbändern an den Frequenzen der Formanten.

Da die Vokalerkennung rein von der Frequenzlage der Formanten und nicht von der Art oder Qualität der anregenden Schallquelle abhängig ist, ist auch eine geflüsterte Stimme verständlich, obwohl ihr jegliche Klangstruktur fehlt. Die Evolution hat sich als Informationsträger für die Lautsprache die wesentlich weniger störanfälligen und robusteren Übertragungsverhältnisse im Ansatzrohr „ausgesucht" und sich somit von der Qualität der anregenden Stimme unabhängig gemacht. Ein Sprachlaut ist für uns problemlos und eindeutig zu identifizieren, ganz egal, ob er von einem Kind oder von einem Erwachsenen mit hoher oder mit tiefer Stimme, geschrieen oder geflüstert, mit heiserer oder mit klarer Stimme hervorgebracht wird.

Beim willentlichen Flüstern bleibt der hintere Anteil der Stimmritze dreieckförmig offen – als sogenanntes *Flüsterdreieck* – so dass die Stimmritze dabei eine umgekehrte Y-Form zeigt (Abb. 57). Die

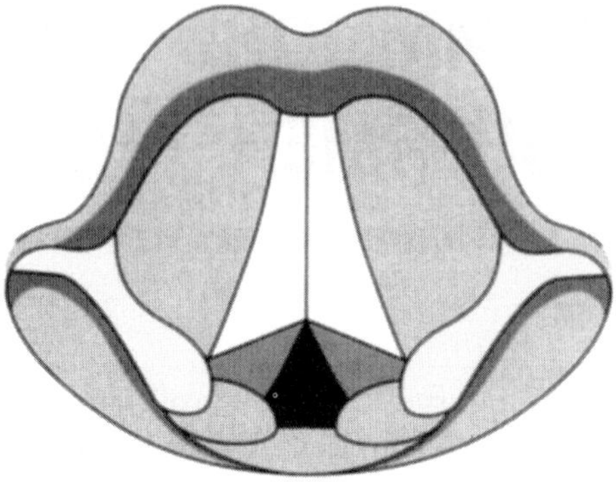

Abb. 57 Position der Stimmlippen beim Flüstern

Größe dieses Flüsterdreiecks hängt dabei von der Art des Flüstern ab und reicht von einer fast vollständig geöffneten Stimmritze bei völlig tonlosem Flüstern bis zu einer nur minimal geöffneten Stimmritze bei gut verständlichem Flüstern mit zusätzlichen Klanganteilen, z. B. beim sogenannten Bühnenflüstern. Flüstern wird häufig mit einer besonders schonenden Art der Stimmgebung in Zusammenhang gebracht. Es ist jedoch eine unphysiologische Form der Stimmgebung und ist mit hohen Strömungsraten im Kehlkopf verbunden. Flüstern bedeutet somit keine Stimmschonung, sondern ist ganz im Gegenteil – wird es über längere Zeit verwendet – belastend und stimmschädigend und sollte daher in jedem Fall vermieden werden (s. Kap. 5).

Bauchreden

Sprechen, ohne den Mund zu bewegen, und noch dazu mit einer ungewöhnlichen Stimme, erscheint als etwas Geheimnisvolles. So ist es nicht verwunderlich, dass Bauchrednerei mit Zauberei, Dämonie und teilweise auch mit religiösen Wundern in Zusammenhang gebracht bzw. bewusst dazu missbraucht worden ist. So gibt es Meinungen, dass *Pythia*, die Weissagerin des Orakels von Delphi, bauchrednerische Fähigkeiten benutzt habe.

Landläufige Erklärungen waren oft irreführend, so z. B. die Meinung, dass der Bauchredner beim Einatmen spricht. Und selbst die Namensgebung ist nicht korrekt, denn die Stimme entsteht nicht im Bauch, sondern mittels der normalen Stimmwerkzeuge Kehlkopf und Vokaltrakt sowie der entsprechenden Steuerung.

Ein Hauptunterschied zur normalen Sprache liegt darin, dass besonders der hintere Teil des Vokaltrakts extrem verändert wird: Die Zunge wird weit zurückbewegt und der Kehlrachen stark verengt, so dass nur ein sehr kleiner, schmaler Resonanzraum gebildet wird. Die durch Muskelanspannung bewirkte Verengung des Rachens ist verbunden mit einer hohen Spannung der Stimmlippen wie bei der Kopfstimme. Dies ergibt die charakteristische dünne, obertonarme Stimme, wobei die Frequenzlage um einige Töne höher liegt als die Normalstimme des Bauchredners. Auch der Tonumfang einer solchen Stimme beträgt nur etwa eine Oktave und ist damit sehr gering.

Die Bauchrednerstimme ist ebenso charakterisiert durch einen sparsamen Luftverbrauch, der durch eine spezielle Zwerchfellbewegung bewirkt wird. Das Zwerchfell senkt sich etwas beim Ausatmen, im Gegensatz zur Hebung des Zwerchfells bei normaler Atmung. Entscheidend für den Effekt des „Bauchredens“ sind fehlende oder nur minimal sichtbare Mundbewegungen. Dies führt zu charakteristischen Veränderungen in der Lautbildung, da Lippenlaute nicht mehr an normaler Stelle gebildet werden können, sondern die Artikulationsstellen weiter nach hinten in den Mundraum verlagert werden müssen, wo sie nicht sichtbar sind.

Die geschilderten Variationen des Sprechapparats können die Stimme derart verändern, dass man sie nicht mehr mit der jeweiligen Person identifiziert, sondern dass man sie häufig auf eine andere Gestalt (z. B. eine Puppe in der Hand des Bauchredners) oder auch auf einen anderen Ort projiziert. Untersuchungen bei der Bauchrednerstimme zeigen, dass vor allem auch das optische „Drumherum" sehr viel zum verblüffenden Effekt des Bauchredens beiträgt. Der geheimnisvolle Effekt einer von „weit her" oder aus dem „Nichts" kommenden Stimme, wie ihn gute Bauchredner auf der Bühne hervorzaubern, verflüchtigt sich bei rein akustischer Wiedergabe sofort (z. B. bei Tonbandaufnahmen), und es fällt höchstens eine etwas gepresste Sprechweise mit veränderter Artikulation auf.
Jedenfalls benötigt ein Bauchredner viel Übung. Hinzukommen müssen aber auch günstige anatomische Voraussetzungen, um den Rachenraum in einem großen Ausmaß verengen zu können. Vieles an Befunden und Untersuchungen zum Mechanismus des Bauchredens ist jedoch nach wie vor nicht geklärt und widersprüchlich, da das Bauchreden in Varietékünstlerkreisen häufig als traditionelle Kunstfertigkeit über Generationen vererbt wird und nur ganz selten ein Bauchredner bereit ist, diese Fähigkeit auch wissenschaftlich untersuchen zu lassen.

Obertonsingen

Obertonsingen hat keine europäische Tradition, sondern ist hauptsächlich im fernöstlichen kultisch-religiösen Bereich beheimatet, so etwa in China, in der Mongolei oder in Japan. Daneben tauchen Formen des Obertonsingens auch in der Volksmusik etwa der südamerikanischen Inkas oder der Pygmäen auf.
Obertonsingen bedeutet, dass von einem einzigen Sänger oder einer einzelnen Sängerin mindestens zwei akustisch deutlich unterscheidbare Töne *gleichzeitig* erzeugt werden. Dies kann natürlich nicht dadurch erzielt werden, dass gleichzeitig zwei verschiedene Grundtöne gesungen werden, weil im Stimmapparat – anders als z. B. bei Vögeln – nur eine den Grundton erzeugende Quelle, nämlich die Stimmlippen, vorhanden sind. Der Eindruck von zwei und mehr gleichzeitigen Tönen

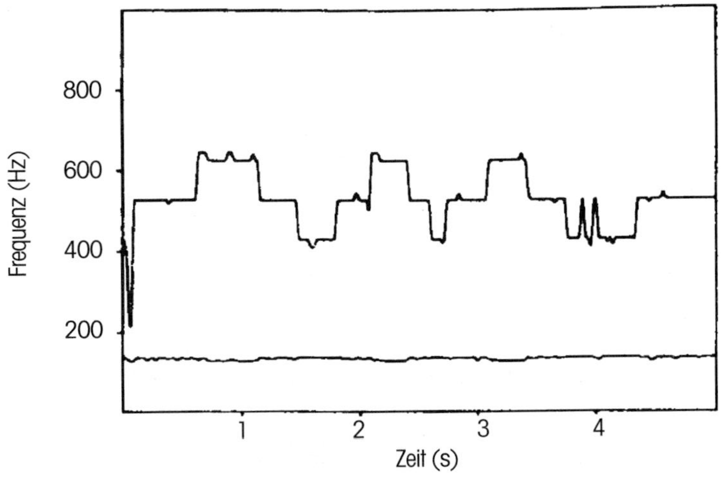

Abb. 58 Frequenzen von Grund- und Oberton eines Obertonsängers.

wird dadurch erzielt, dass bestimmte, mit dem Grundton gleichzeitig entstandene Obertöne im besonderen Maße verstärkt werden.
Die Abb. 58 zeigt in einer zeitlichen Abfolge einen konstanten Grundton von etwa 130 Hz, dem eine Tonfolge aus drei verschiedenen Tönen überlagert ist. Die Frequenzlagen der drei Töne zeigen, dass hier abwechselnd der 2., 3. bzw. 4. Oberton angesprochen wurde. Diese starke Hervorhebung nur eines Obertones ist auch in Abb. 59 zu erkennen, wobei Frequenzspektren eines Obertonsängers aufgenommen wurden, der der Reihe nach den 1. bis 4. Oberton hervorgehoben hat. Wodurch kann diese große Verstärkung eines speziellen Obertons erzielt werden? Der Vokaltrakt verändert das durch die Stimmlippen erzeugte Frequenzspekrum, indem bestimmte Bereiche verstärkt, andere unterdrückt werden (s. Kap. 2). Die Lage der verstärkten Frequenzbereiche, die Formanten, charakterisieren die einzelnen Vokale. Diese Formanten können auch verschoben werden, um Töne bestimmter Höhe zu verstärken, allerdings nur in einem begrenzten Bereich, so dass der Vokalgehalt nicht verloren geht. Es ist also naheliegend zu vermuten, dass auch die Verstärkung der Teiltöne beim Obertonsingen aufgrund von Formantverschiebungen vor sich geht.
Allerdings ergibt sich bei dieser Erklärung noch folgendes Problem: Formantresonanzen sind relativ breit, sie überdecken meist mehrere Obertöne (s. Abb. 75 im Anhang). Sie können damit nicht nur einen einzigen Oberton extrem verstärken und die benachbarten nicht, wie dies in Abb. 59 gezeigt ist.
Die Lösung dieses Problems ist von *F. Klingholz* erst kürzlich aufgrund von genauen Messungen und Analysen bewiesen worden. Der physikalische Hintergrund ist folgender:

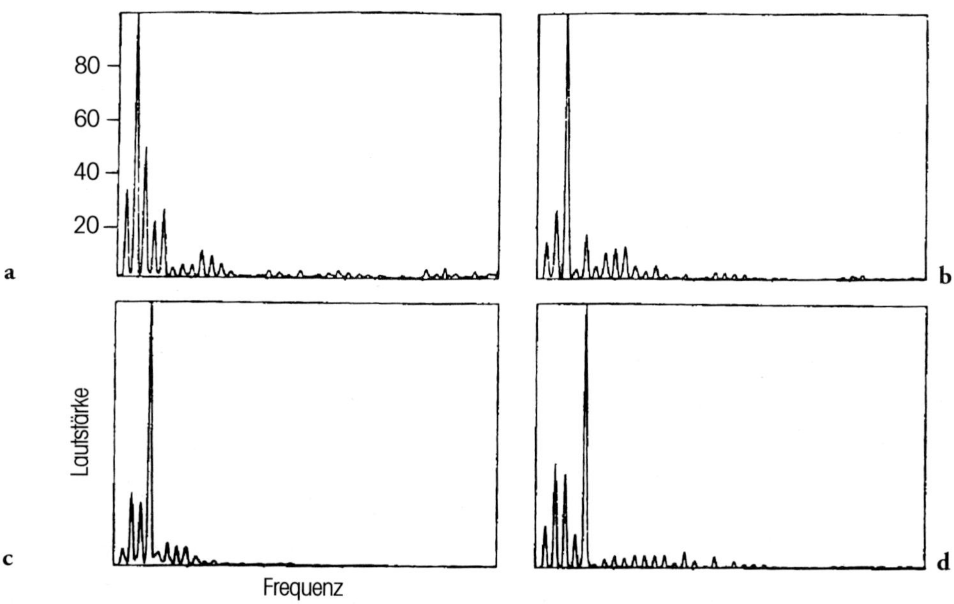

Abb. 59 Verstärkung des **a** 1., **b** 2., **c.** und **d** 4. Obertones.

Jede Resonanz eines Hohlraums wird immer schmäler, immer mehr auf eine Frequenz konzentriert, je starrer die Ränder des Raumes sind. Ein Hohlraum mit äußerst starrer Umrandung besitzt Resonanzen mit genau bestimmbaren Frequenzen, die sich aus den Größenverhältnissen des Raumes ergeben. Hat ein Hohlraum bewegliche Begrenzungen, so spiegeln sich die variierenden Abmessungen darin wieder, dass auch die Resonanz auf einen breiteren Frequenzbereich ausgedehnt ist. Auch eine Öffnung des Raumes nach außen erweitert den Frequenzbereich der auftretenden Resonanzen.

Klingholz wies nach, dass einerseits eine Verengung des Kehlbereichs, insbesondere aber auch eine Spannung der Muskulatur im Mundbereich (Wangen, Zunge) den Resonanzraum Vokaltrakt starrer machen, Schwingungen dieser Teile stark vermindern und damit die Ausdehnung der einzelnen Formanten sehr beschränken kann. Geringe Variationen der verkleinerten Mundöffnung und Lageveränderungen der Zunge ergeben eine Verschiebung dieser nun schmalen Resonanz zur Frequenz des einen oder benachbarten Obertons.
Diese spezielle Form des Singens bedarf natürlich einer zumindest genauso intensiven Schulung, wie es der Ausbildung zu einem Sänger westlicher Vorstellung entspricht. Das Resultat, eine sehr interessante Klangstruktur, die sich ohne Textbeimischung auf das Zusammenwirken von Tönen konzentriert, gewinnt in den letzten Jahren auch in Europa immer mehr Anhänger. Ebenso lässt sich eine gegenseitige Befruchtung – fernöstliches traditionelles Obertonsingen und westliche Rhythmik, Melodik – hin zu einer daraus resultierenden eigenständigen Richtung erkennen.

Jodeln

Jodeln wird wohl meist mit dem Alpenraum in Verbindung gebracht. Aber genau wie beim Obertonsingen kann man dem Jodeln äquivalente Gesangsformen in vielen Gebieten der Erde vorfinden. Die zweite Ähnlichkeit mit dem Obertonsingen ergibt sich daraus, dass kein Text vermittelt wird, sondern hauptsächlich Vokale oder Silben gesungen werden.
Die Gesangstechnik ist jedoch der des Obertonsingens und auch des Bauchredens eher entgegengesetzt. Wird bei diesen Formen der Vokaltrakt versteift und verengt, so ist beim Jodeln das Ansatzrohr erweitert, der Kehlkopf steht tief und es wird ein obertonreicher Klang erzeugt. Das Typische des Jodelns ergibt sich jedoch durch das schnelle und wiederholte Umschlagen zwischen Bruststimme und höherem Register.
Allerdings kann und muss man auch hier unterscheiden zwischen *Natur- und Kunststimme*. Bei der Naturstimme erfolgt ein plötzlicher Überschlag von der Bruststimme in das Falsett, was auch mit einer raschen Verengung des Kehlraums verbunden ist. Brust- und Falsettregister werden völlig isoliert eingesetzt. Ausgebildete Sänger schlagen nicht in das Falsett über, sondern setzen vorher ab, wobei das Ansatzrohr stets weiter gestellt bleibt. Es ist interessant, dass Personen, die vor einem Gesangsstudium bereits langjährige Jodelpraxis aufweisen, auch nach der Gesangsausbildung die naturhafte Form des Überschlagens in das Falsett ausüben und ihre Jodeltechnik nicht ändern.
Experten meinen, dass Jodeln als Verständigungsmittel zwischen räumlich voneinander zum Teil weit entfernten und isolierten Orten gedient hat bzw. daraus hervorgegangen ist. Einzelne Jodelformen

hatten bestimmte Bedeutungen, man drückte Gefühle aus, gab aber auch Informationen etwa über das Wetter weiter. Vereinzelt wird Jodeln in dieser Form auch heute noch verwendet. Jodeln hat sich im Laufe der Jahrhunderte aber auch zu einer Kunstform entwickelt und findet in jüngster Zeit sogar Eingang in die Schlagermusik.

Kastratengesang

Im frühen Altertum wurde die Kastration als Bestrafungsform vor allem bei Kriegsgefangenen eingesetzt. Eunuchen dienten in orientalischen Harems oder am byzantinischen Hof, in Einzelfällen stiegen sie sogar zu einflussreichen Positionen auf. Der Eunuch *Narses* etwa war der Heerführer des byzantinischen Kaisers *Justinian* und organisierte im 6. Jahrhundert auch die Verwaltung Italiens.

Sehr früh erkannte man, dass die Kastration von Kindern einen speziellen Stimmtyp hervorbringt, und besonders in den östlichen Kirchen wurden Kastraten häufig als Chorsänger eingesetzt. Da die hohen Stimmen nicht von Frauen besetzt werden durften (nach dem Paulus-Wort im 1. Korintherbrief, dass Frauen in der Kirche zu schweigen haben), ersetzten die Kastraten entweder Knaben, die den Nachteil hatten, dass sie nur wenige Jahre ihre hohe Stimme behielten, oder Falsettisten, Sänger mit hoher Kopfstimme, mit Fistelstimme, die nur einen begrenzten Tonumfang abdecken konnten.

Es ist nicht bekannt, ab wann Kastraten in der Musik der römischen Kirche eingesetzt wurden, aber das 15. Jahrhundert zeigt bereits einen hohen Prozentsatz von Kastratensängern in Chören berühmter Kirchen, wie etwa der Sixtinischen Kapelle. Die Stellung der offiziellen Kirche zu Kastraten war zwiespältig, wobei die Bandbreite von eindeutiger Ablehnung (Kastration war unter Todesstrafe verboten) über stille Duldung bis zur Förderung (zur höheren Ehre Gottes) reichte.

Abb. 60 Der Kastrat Farinelli.

Eine Kastration, die Entfernung der männlichen Keimdrüsen, vor dem Einsetzen der Pubertät bewirkt, dass hormonell hervorgerufene Veränderungen, wie Bartwachstum und Umformung des Kehlkopfes, nicht stattfinden (s. Kap. 3). Der Kehlkopf und besonders die darin eingebetteten Stimmlippen entsprechen damit weiterhin in Größe und Spannung einer

Kinderstimme. Die Lunge hingegen als Motor der Stimme und der Vokaltrakt als Resonanzsystem entsprechen dem eines Mannes.
Aufgrund der fehlenden Hormone waren Kastraten häufig übernormal groß gewachsen (Abb. 60). Dies konnte sich als „magerer Riese" auswirken, meistens ist eine Kastration aber mit einer vermehrten Fettanreicherung, vor allem im Brust- und Gesäßbereich, verbunden – Kastraten waren richtige Kolosse.
Die beiden Eigenschaften, kindlicher Kehlkopf und normale bis überdimensionale Gestalt, ergeben einen eigentümlichen Klang, der sich von einer Knaben- aber auch von einer Frauenstimme charakteristisch unterscheidet. So können Kastraten weit längere Phasen ohne Atemholen singen, sie haben im allgemeinen auch einen größeren Stimmumfang.
Der Kastratengesang erlebte seine Hochblüte während der Frühphase der italienischen Oper (17. und 18. Jahrhundert). Die meisten Opern enthielten Kastratenrollen, so ist etwa noch *Christoph Willibald Glucks* „Orpheus" für eine solche Stimme geschrieben. Die öffentliche Meinung über Kastratenstimmen war enthusiastisch („Eine süßere Stimme kann man nicht hören"), und Kastraten waren die großen Stars der damaligen Opernwelt. Berühmte Kastraten reisten von Hof zu Hof und erhielten enorme Gagen. *Georg Friedrich Händel* setzte häufig mit Erfolg Kastraten in seinen Opern ein; deren Gehälter führten sogar zu den großen Finanzproblemen, mit denen er zeitweise zu kämpfen hatte.
Kastraten waren auch insoferne „Stars" der damaligen Welt, als ihnen auch die Frauenwelt zu Füßen lag! Diesbezügliche Affären waren bevorzugter Gesprächsstoff der damaligen Gesellschaft. Die hohe Stellung der berühmten Kastraten und der große Bedarf an Chorsängern bewirkte, dass es regelrechte Kastratenschulen gab. Die Härte der Ausbildung und das erreichte Niveau standen einer heutigen Sängerausbildung sicher um nichts nach.
Um diese Schulen zu füllen, wurden im 18. Jahrhundert bis zu einige Tausend Knaben pro Jahr kastriert! Da zum Zeitpunkt der Verstümmelung natürlich nicht vorauszusehen war, wie sich die Stimme entwickeln würde, wurden im allgemeinen nur wenige Künstler, aber viele verstümmelte Menschen mit erbarmungswürdigem Schicksal produziert.
Abgesehen davon, dass eine Kastration offiziell verboten war, gab es auch vermehrt künstlerische Einwände gegen Kastratenstimmen. *Felix Mendelsohn-Bartholdy* war vom Gesang der Kastraten angeekelt, und *Franz Grillparzer* fühlte ein solch widerliches Gefühl, dass er das Theater verließ. Der junge *Mozart* schrieb noch Rollen für Kastraten, in seinen späteren Opern werden im Mittelpunkt stehende Rollen immer mehr mit tieferen Stimmen besetzt (Figaro, Don Giovanni).
Dennoch wurde diese Zwischenform zwischen Frauen- und Männerstimme über mehrere Jahrhunderte als die Krönung des Gesangstils angesehen.

Pfeifen

Pfeifen und Sprechen bzw. Singen haben sicher Gemeinsamkeiten, da offensichtlich der Resonanzraum derselbe ist, nämlich der Vokaltrakt. Prinzipielle Unterschiede ergeben sich aber in der Erzeugung des Tons: Beim gesprochenen Laut bestimmt die Frequenz der schwingenden Stimmlippen die Höhe des Tons. Beim Pfeifen ist der Mechanismus etwas komplizierter.

Fürs erste erkennt man kein schwingendes System – es ist wohl klar, dass beim Pfeifen die Lippen eine Rolle spielen, aber diese schwingen nicht in der Frequenz des erzeugten Tons. Das schwingende Element beim Pfeifen ist der beteiligte Luftstrom. Strömt Luft durch eine enge Öffnung (etwa durch den gespitzten Mund) oder über eine Kante (Mundloch einer Querflöte, Öffnung einer Flasche), so werden dadurch rhythmische Turbulenzen erzeugt, deren Klang viele Frequenzen enthält.

Ist diese turbulenzerzeugende Stelle mit einem Resonanzraum gekoppelt, so werden dadurch bestimmte Frequenzen verstärkt nämlich die, die den Eigenfrequenzen des Resonanzraums entsprechen. Nur Töne dieser Frequenzen werden vernommen. Bei der Flöte bestimmt die Länge des Resonanzraums die Tonhöhe, das ist, vereinfacht ausgedrückt, der Abstand vom Mundstück bis zum ersten geöffneten Griffloch. Es spielt dabei also nicht die wirkliche Länge der Flöte die primäre Rolle, sondern die sogenannte akustische Länge, deren Begrenzung etwa durch das Mundstück und dem Punkt gegeben ist, an dem ein Druckausgleich mit dem äußeren Luftdruck erfolgt.

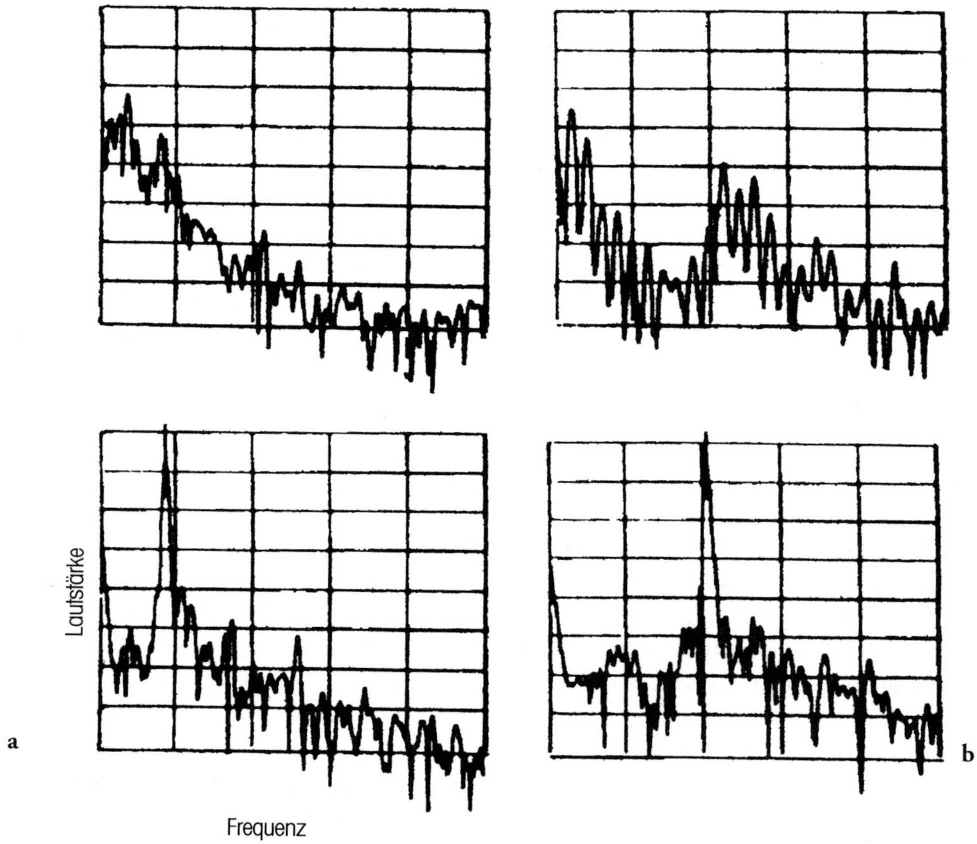

Abb. 61 Frequenzspektrum **a** des Vokals „u", **b** des Vokals „ü". *Obere Reihe:* gesprochen, *untere Reihe:* mit gleicher Mundstellung gepfiffen.

Beim Pfeifen können die Turbulenzen des sogenannten *Öffnungstons* verschiedentlich erzeugt werden: Eine Engstelle kann durch Spitzen der Lippen erzeugt werden, durch Anheben der Zunge an den vorderen Gaumen oder durch Verwendung von zwei Fingern. Teile dieser Turbulenzen werden durch den Vokaltrakt verstärkt; dessen Eigenfrequenzen sind die Formanten. Die Frequenzen der Formanten bestimmen somit die Höhe des erzeugten Tones.

In Abb. 61 sind die Frequenzspektren dargestellt, die einerseits bei einem gesprochenen Vokal („u“, „ü“) aufgenommen wurden, andererseits von einem mit gleicher Mundstellung gepfiffenen Ton. Es ist klar ersichtlich, dass die Grundfrequenz, d. h. die Höhe des Pfeiftons, durch den *zweiten Formanten* bestimmt ist. Versuche haben gezeigt, dass manchmal auch der dritte Formant beteiligt ist, niemals jedoch der erste. Es gibt Spezialisten, die zweistimmig pfeifen können, wobei zweiter und dritter Formant gleichzeitig die entsprechenden Teiltöne des zugrundeliegenden Öffnungstones verstärken.

Der zweite Formant ist stark durch die Position der Zunge bestimmt, was jeder selbst nachvollziehen kann: Pfeift man einen Ton, so kann durch Vor- und Rückbewegen der Zunge die Tonhöhe beträchtlich variiert werden. Dies steht im Gegensatz zur Sprechstimme, wo eine Verschiebung der Zunge eine Variation des Vokals bewirkt, jedoch keine Änderung der Tonhöhe.

Silbo Gomero

Auf der Insel Gomera, einem Teil der kanarischen Inselwelt, hat sich eine Annäherung von gepfiffenen Tönen und gesprochenen Worten entwickelt und über Jahrhunderte erhalten (Abb. 62). Diese Sprache, der Silbo Gomero, ist keine eigene Sprache mit speziellen Worten oder einer besonderen Grammatik. Der Silbo Gomero ist eine Übertragung der spanischen Sprache auf bestimmte Pfeiflaute. Jeder Vokal entspricht einem Pfeifton bestimmter Tonhöhe und Charakteristik. Die Konsonanten, die keinen eigenen Pfeiftönen entsprechen, werden durch bestimmte Übergänge zwischen den Vokalen (Akzentuierung, Dauer) ausgedrückt. Um Silbo Gomero zu verstehen, muss man sowohl der Pfeifsprache als auch des Spanischen mächtig sein.

Abb. 62
Pfeifsprache auf Gomera

Der Ursprung des Silbo Gomero ist ähnlich dem des Jodelns. Gomera ist eine stark zerklüftete Insel mit vielen Bergschluchten. Eine Kommunikation zwischen den Bewohnern über die Schluchten hinweg war dementsprechend mühsam. Für direktes Zurufen waren die Entfernungen zu groß, deshalb hat sich im Laufe der Zeit diese Pfeifsprache entwickelt. Die Entfernung, auf der man sich damit verständigen kann, beträgt ein bis zwei und manchmal, je nach Ortsbeschaffenheit und Wetterlage, noch mehr Kilometer.

8 PHYSIKALISCHER ANHANG

EINE *SCHWINGUNG* ist physikalisch dadurch charakterisiert, dass sich ein bestimmter (Bewegungs-) Vorgang periodisch wiederholt. In diesem Sinne ist etwa der periodische Sonnenauf- bzw. -untergang eine Schwingung. Diese ergibt sich daraus, dass sich die Erde mit bestimmter, konstanter Geschwindigkeit um ihre eigene Achse dreht. Eine Kreisbewegung kann aber auch mit der physikalisch einfachsten Schwingung in Zusammenhang gebracht werden (siehe Abb. 63):

Projiziert man eine Kreisbewegung, etwa die Bewegung eines Fahrradpedals auf eine Ebene senkrecht zur Ebene des Zahnrads, so ergibt sich eine eindimensionale Auf- und Abbewegung. Die Bewegung läuft am oberen und unteren Endpunkt langsam ab, in der Mitte am schnellsten. Genau denselben Bewegungsablauf erhält man, wenn man die Bahn einer Masse verfolgt, die an einer Feder hängt und durch Auslenkung aus der Ruhelage in Schwingung versetzt wird.

Zeichnet man die Auslenkung von Schuh bzw. Masse von der Mittel- bzw. Ruhelage in der zeitlichen Abfolge auf, erhält man den Graphen einer sogenannten *harmonischen Schwingung* (Abb. 64).

Mathematiker bezeichnen diese Abhängigkeit als *Sinus-Funktion.* Physikalisch ergibt sie sich daraus, dass die rücktreibende Kraft z. B. der Feder immer genau der jeweiligen Auslenkung von der Ruhelage proportional ist; je größer (kleiner) die Auslenkung, desto größer (kleiner) die Kraft, die den Körper in Richtung Ruhelage bewegt.

Die harmonische Schwingung kann durch zwei Größen vollständig bestimmt werden: Durch den Wert der maximalen Auslenkung, *Amplitude* A der Schwingung genannt, und durch die *Schwingungsdauer* T: Dies ist der zeitliche Abstand zwischen zwei gleichen Schwingungszuständen (nicht nur die Auslenkung, sondern auch die Bewegungsrichtung muss dieselbe sein).

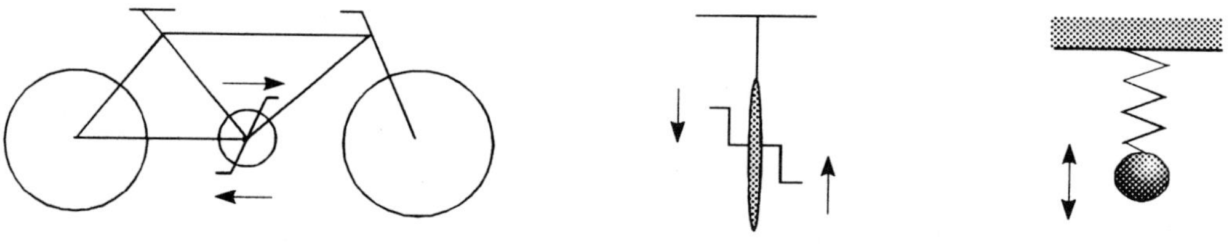

Abb. 63 Kreisbewegung, Projektion und schwingende Masse.

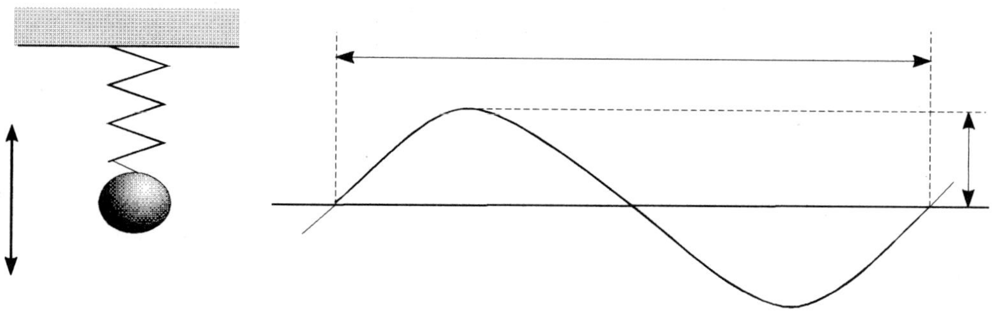

Abb. 64 Harmonische Schwingung (Sinusschwingung).

Häufig wird anstelle der Schwingungsdauer T eine andere Größe verwendet, nämlich die Zahl der Schwingungen in einer bestimmten Zeiteinheit, die *Frequenz* f. Der Zusammenhang zwischen den beiden Größen ist einfach: Das Produkt muss immer gleich eins sein ($f \times T = 1$). Gibt man die Schwingungsdauer in Sekunden an, so erhält die Frequenz die Einheit *Hertz*: Ein Hertz bedeutet eine Schwingung pro Sekunde, 50 Hertz (die Frequenz unseres Wechselstroms) zeigen 50 Schwingungen pro Sekunde an, die Dauer einer Schwingung beträgt in diesem Fall $T = 1/50$ s = 0,020 s = 20 Millisekunden.

Von großer Bedeutung in der Akustik ist der Begriff der *Welle*. Dies ist eine sich räumlich und zeitlich ausbreitende Schwingung. Denken Sie sich eine Wasserwelle, die sich nach rechts bewegt (Abb.65). Die einzelnen Wasserteilchen führen eine Schwingung am Ort aus, die Welle (z. B. die Wellenkämme) wandern aber mit einer bestimmten Geschwindigkeit nach rechts. Der Abstand zwischen zwei Wellenkämmen oder -tälern wird als Wellenlänge bezeichnet. Auch zwischen *Wellenlänge* L, Wellengeschwindigkeit v und Frequenz f gibt es einen einfachen Zusammenhang: $v = L \times f$.

Abb. 65 Bewegung einer Welle.

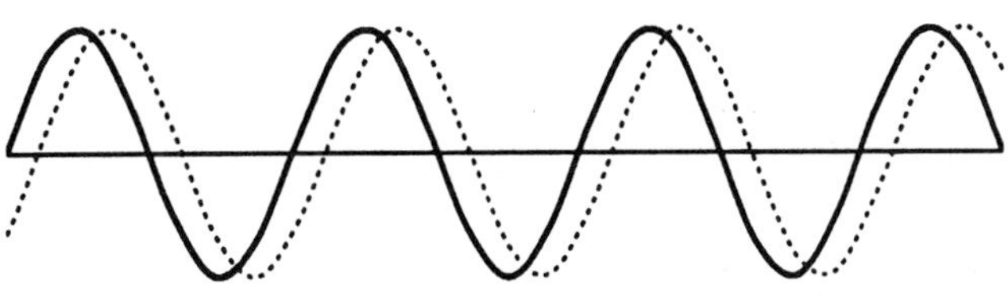

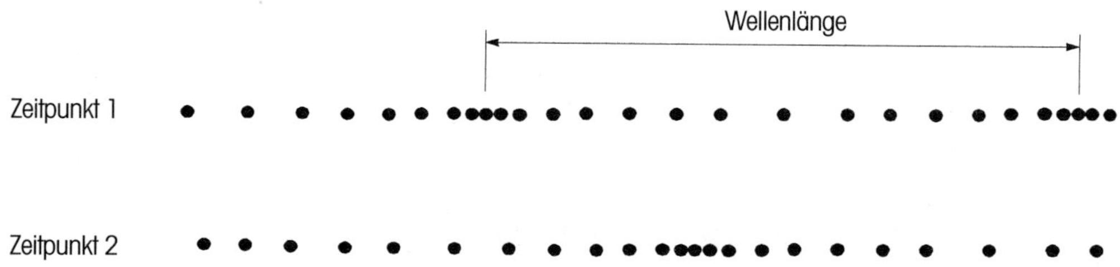

Abb. 66 Schallwelle zu zwei verschiedenen Zeitpunkten.

Eine Schallwelle unterscheidet sich von einer Wasserwelle dadurch, dass sich die Teilchen nicht senkrecht zur Fortpflanzungsrichtung der Welle bewegen sondern in dieselbe Richtung (Abb. 66).
Wellenberge entsprechen in diesem Fall Zonen mit großer Teilchendichte, Wellentäler solchen mit kleiner Teilchenzahl. Die Verdichtungen (Verdünnungen) der Teilchengruppen bewegen sich mit einer bestimmten Geschwindigkeit nach rechts. Vergleicht man die Teilchenauslenkung in einer Welle mit einer ungestörten Teilchenverteilung (Abb. 67), so erkennt man, dass sich an Orten maximaler Teilchenauslenkung eine minimale Druckänderung gegenüber dem Normaldruck ergibt, bzw. dass dort die Druckschwankung am größten ist, wo sich die Teilchen am wenigsten bewegen. Allerdings sind diese Stellen nicht ortsfest, sondern sie bewegen sich mit der Geschwindigkeit v der Welle.

Es ist allerdings völlig falsch zu glauben, dass sich die Teilchen selbst mit der Wellengeschwindigkeit bewegen. Den Ablauf muss man sich eher so vorstellen wie in Abb. 68 skizziert: Das erste Teilchen links wird ausgelenkt, gibt dem zweiten einen Stoß, dieses dem dritten usf. Die Teilchen bleiben am Ort, nur die Bewegungsenergie wird von einem Teilchen zum anderen weitergegeben. Bei der Schallwelle bedeutet dies, dass ein (Luft-) Teilchen an ein anderes stößt, dieses sich weiterbewegt (und weiter stößt), das erste Teilchen aber einen Rückstoß erfährt und damit praktisch am gleichen Ort verbleibt.
Wie weit bewegen sich die Luftteilchen im Mittel und wie groß sind die Geschwindigkeiten von Schallwelle und Luftteilchen?
Die Schallwellen breiten sich in verschiedenen Medien verschieden schnell aus: Je dichter das Material, desto größer die

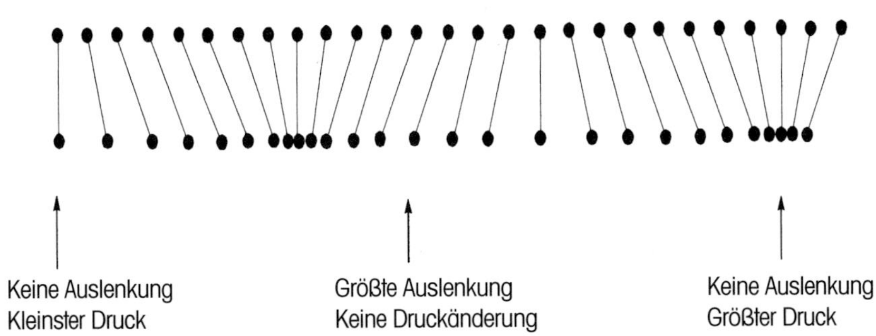

Abb. 67 Auslenkung und Drücke einer Welle.

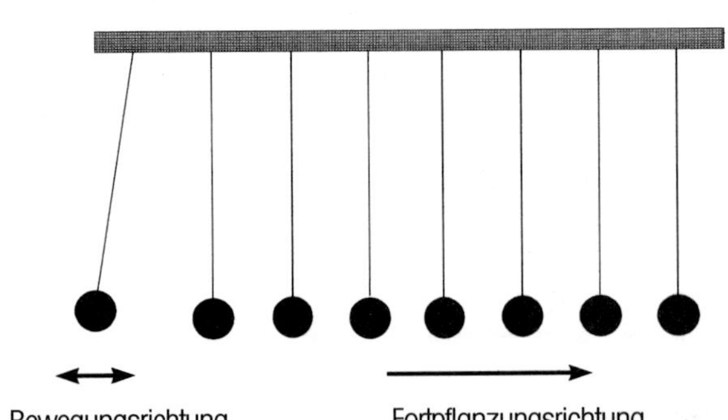

Abb. 68 Mechanisches Modell einer Schallwelle.

Schallgeschwindigkeit. Sie ist in Stahl etwa 5000 m/s, in Wasser 1500 m/s und in Luft bei 20 °Celsius 340 m/s. Im Vakuum kann sich keine Schallwelle ausbreiten, da es keine Teilchen gibt, die die Stöße weitergeben können.
Die Bewegung der Teilchen in einer Schallwelle in Luft verläuft allerdings weit langsamer, ihre Geschwindigkeit beträgt im Mittel nur 0,2 mm pro Stunde! Und der Weg, den ein Teilchen zwischen Gestoßenwerden und Weiterstoßen zurücklegt, ist etwa nur 0,000000001 mm.
Nun sind die Luftteilchen aber nicht in Ruhe, sondern sie besitzen eine Bewegungsenergie, die sich aus der Wärmeenergie des Gases ergibt: Je wärmer ein Gas, desto schneller bewegen sich die Moleküle im Gas. Bei Raumtemperatur haben die Gasteilchen aufgrund der Wärmebewegung im Mittel eine Geschwindigkeit von 1800 km/h und der mittlere Ab-

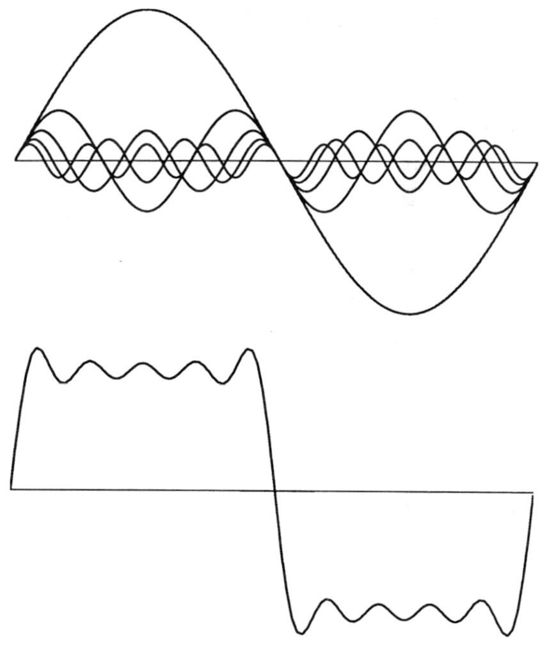

Abb. 69 Zerlegung einer Rechteckschwingung in eine Summe von harmonischen Schwingungen.

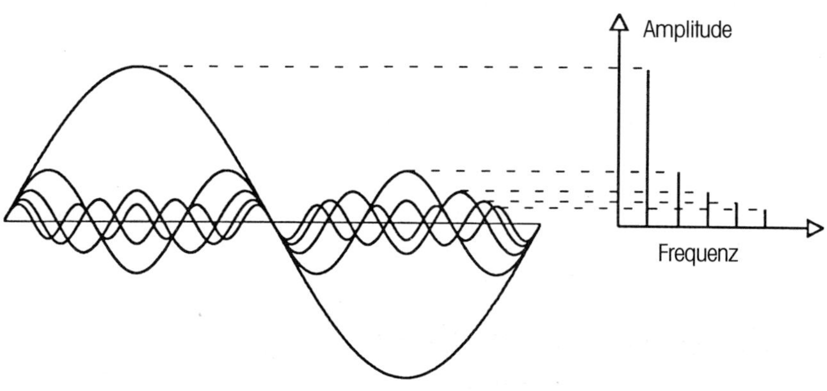

Abb. 70 Komponente einer Rechteckschwingung und dazugehöriges Frequenzspektrum

stand zwischen zwei Stößen ist 0,0001 mm. Wie ist es möglich, dass die Schallwelle, deren Teilchengeschwindigkeit und -auslenkung um viele Größenordnungen geringer ist als die Wärmebewegung, von dieser nicht gänzlich überdeckt wird?
Der Grund liegt darin, dass die Wärmebewegung eine völlig ungeordnete Bewegung ist, die Teilchen fliegen mit gleicher Wahrscheinlichkeit in alle Richtungen, die Wirkungen dieser Bewegung (z. B. der Gasdruck auf eine Umrandung) sind in jeder Richtung dieselben. Eine Schallwelle dagegen ist eine geordnete Bewegung, Abermillionen von Teilchen vollführen annähernd gleichzeitig eine Bewegung in dieselbe Richtung. Die Bewegungen kann man etwa mit einem Mückenschwarm vergleichen:

Die Mücken fliegen mit großer Geschwindigkeit hin und her (dies entspricht der Wärmebewegung), die Schallwelle gleicht einem Luftzug, der sämtliche Mücken langsam ein sehr kleines Stück in eine bestimmte Richtung verschiebt. Es ist dieses gleichartige Verhalten einer sehr großen Anzahl von Teilchen, welches bewirkt, dass die Schallwelle dennoch (z. B. vom Trommelfell) wahr- und aufgenommen wird.

Eine wichtige Eigenschaft von Schwingungen und Wellen besteht darin, dass sich mehrere davon zu einer, im allgemeinen komplizierteren, Schwingung bzw. Welle überlagern lassen. Genauso ist es möglich, eine komplizierte Schwingungs- und Wellenform in eine Summe von einfachen zu zerlegen. Eine wichtige Erkenntnis des französischen Mathematikers *Jean Baptiste Fourier* (1760 – 1830) besagt, dass sich jede beliebige periodische Schwingung aus einer Summe von harmonischen Schwingungen aufbauen lässt, wobei sich die Frequenzen dieser Schwingungen aus einer Grundfrequenz durch Multiplikation mit den natürlichen Zahlen 2, 3, 4,... ergeben. In Abb. 69 ist gezeigt, wie sich eine Rechtecksschwingung aus einer Summe von harmonischen Schwingungen aufbauen bzw. in diese zerlegen lässt.
Diese *Fourier-Zerlegung* ist eine sehr nützliche Methode, um einen Klang zu charakterisieren. Im sogenannten *Frequenzspektrum* sind die jeweiligen Amplituden der Grundschwingung und der Oberschwingungen aufgetragen (Abb. 70).
Vergleiche der Klänge von Instrumenten erfolgen über Frequenzspektren, in Kapitel 2 sind die einzelnen Sprachvokale durch entsprechende Frequenzspektren charakterisiert.
Auch die vertikale Achse des Frequenzspektrums verdient Beachtung, sie zeigt die *Intensität*, die Lautstärke der einzelnen Teiltöne. Allerdings nicht in einer normalen (linearen) Skala, bei der eine doppelte (halbe) Intensität einen doppelt (halb) so großen Skalenabstand bedeutet, sondern in einem *logarithmischen Maßstab*: Dabei entspricht eine zehnfache Intensitätserhöhung nur einem doppelt so großen Skalenabstand, bei einer Verminderung der Intensität auf ein Zehntel ergibt sich der halbe Skalenabstand. Der Vorteil einer solchen Darstellung zeigt sich dann, wenn sich der Zahlenwert der aufzuzeichnenden Größe über einen sehr großen Bereich erstreckt.
In einer logarithmischen Skala kann man Feinheiten einer Größe erkennen, die beim linearen Maßstab wegen der größeren Spitzenwerte einfach „untergehen“. Das Interessante ist, dass aus diesem Grund auch einige menschliche Sinnesorgane logarithmisch arbeiten, so zum Beispiel die Lautstärkewahrnehmung im Ohr.

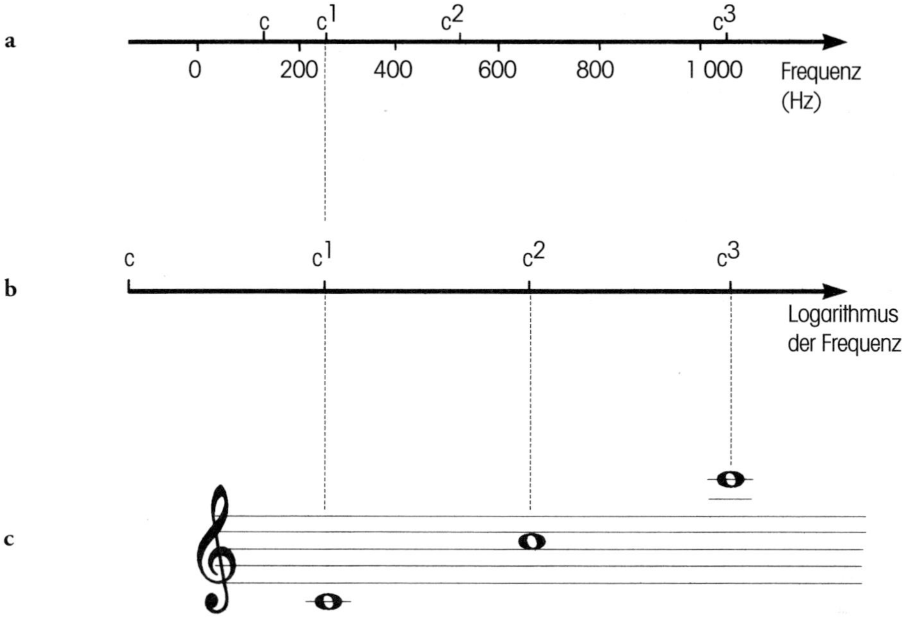

Abb. 71 a Lineare, **b** logarithmische Darstellung von Tönen sowie **c** die äqivalente Notenschrift.

Die Grundregel, die auch als *Weber-Fechner'sches Gesetz* bekannt ist, ist dabei die folgende: „Wenn die wahrgenommene Lautstärke eines Geräusches um einen bestimmten Betrag erhöht werden soll, so ist der benötigte Verstärkungsfaktor von der Größe der ursprünglichen Lautstärke abhängig."

In einem Beispiel veranschaulicht, bedeutet dieses Gesetz folgendes:

> Ein Presslufthammer in Funktion erzeugt ein (physikalisch) messbares Geräusch, das von einem Beobachter – je nach seinem Abstand zum Hammer – als leiser oder lauter Lärm empfunden wird. Gesellt sich zu dem Presslufthammer ein zweiter hinzu, so steigt der vernommene Lärm um einen bestimmten Betrag, der im allgemeinen weit geringer als das Doppelte des ursprünglichen Wertes ist. Ein weiterer, dritter Presslufthammer steigert aber den Lärm nicht um denselben wahrgenommenen Wert, sondern erst zwei zusätzliche Hämmer bewirken dieselbe Lautstärkezunahme, die zuvor durch nur einen zusätzlichen erzielt worden ist. Und zu dem Orchester von vier Presslufthämmern müssen weitere vier hinzukommen, damit man wiederum einen gleichen Lärmzuwachs vernimmt, usf.

Das Ohr nimmt aber nicht nur die Lautstärke logarithmisch wahr, sondern auch die Frequenzen! Wir „hören" den Unterschied zwischen zwei Oktaven (oder zwei Ganztönen) als immer gleich groß, obwohl jede Erhöhung um eine Oktave eine Verdoppelung der Frequenz bedeutet. In diesem Sinne ist auch die (dem Ohr nachempfundene) Notenschrift, physikalisch gesehen, eine logarithmische Darstellung (Abb. 71).

Eng zusammenhängend mit der Überlagerung von Wellen ist die Möglichkeit eines *Resonanzeffekts,* dass nämlich bestimmte Frequenzen verstärkt werden können. Notwendig für den Aufbau von Resonanzphänomenen, etwa in Musikin-

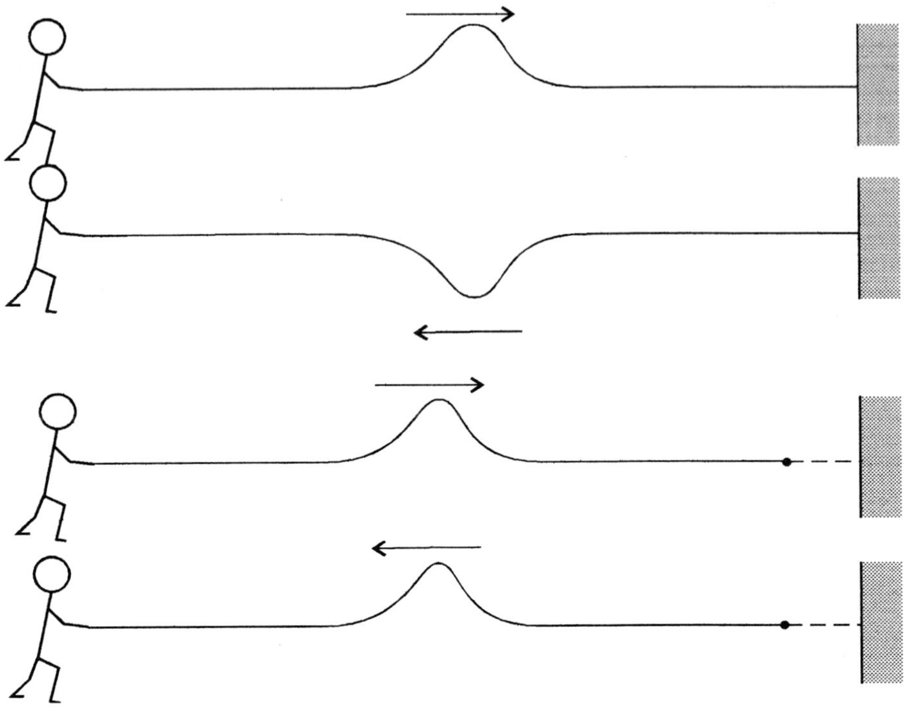

Abb. 72 Reflexion einer (Seil-)Welle **a** an einem festen, **b** an einem freien Ende.

strumenten, ist die Bildung von sogenannten *stehenden Wellen.* Diese sind aber keine statischen, ruhenden Elemente, sondern ergeben sich aus dynamischen Prinzipien, nämlich aus der Reflexion von Wellen an Grenzflächen (Abb. 72) und der Überlagerung von Wellen.

Für den Außenstehenden vielleicht verwunderlich ist, dass auch an einem freien Ende eine Reflexion eintreten kann. Der Grund dafür liegt darin, dass das Seil am freien Ende eine größere Bewegungsfreiheit hat verglichen mit den übrigen Stellen, die durch die beidseitige Verbindung mit dem restlichen Seil beschränkt sind. (Am festen Ende ist das Seil in seiner Bewegungsfreiheit gänzlich eingeschränkt.) Beide Änderungen der Bewegungsfreiheit wirken aber wiederum auf die benachbarten Seilkomponenten zurück, die Welle wird reflektiert.

Beschränkt sich die Bewegung nicht auf eine einzelne Wellenlänge, sondern ist sie durch andauernde Anregung durch einen langen Wellenzug gegeben, so überlagert sich die reflektierte mit den nächsten ankommenden Wellen. Bei der Überlagerung kann es zu einer Verstärkung der Welle kommen (die zusammengesetzte Welle hat eine größere Amplitude als jede der beiden Teilwellen), aber auch zu einer Schwächung bis zu einer Auslöschung (Abb. 73).

Ist ein Seil an zwei Enden eingespannt, so kann auch die reflektierte Welle wiederum reflektiert werden usw. Eine stehende Welle bildet sich dann aus, wenn die Wellenlänge derart mit dem Abstand der beiden Ränder abgestimmt ist, dass sich ankommende und reflektierte Wellen bei jeder Reflexion an den beiden Seiten verstärken.

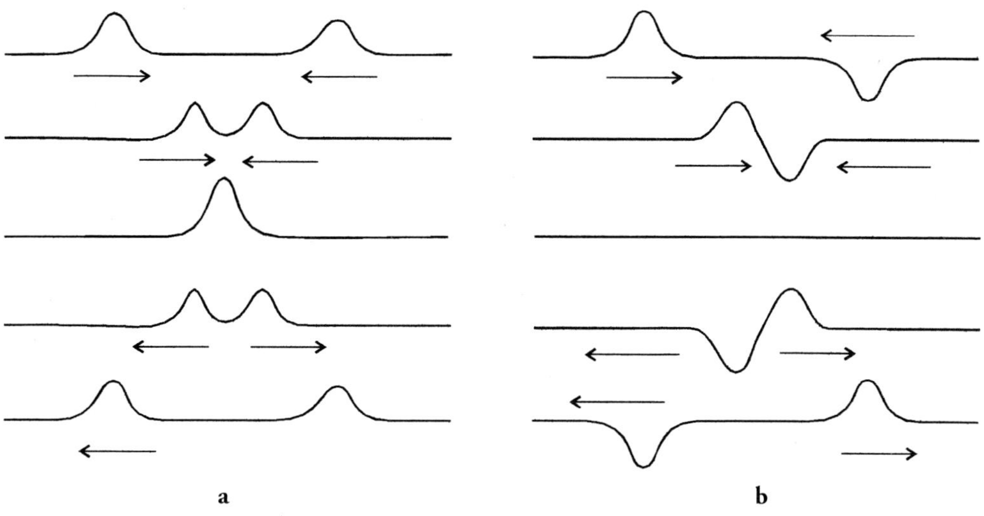

Abb. 73 Überlagerung **a** von zwei Wellenbergen, **b** von einem Wellenberg und einem Wellental.

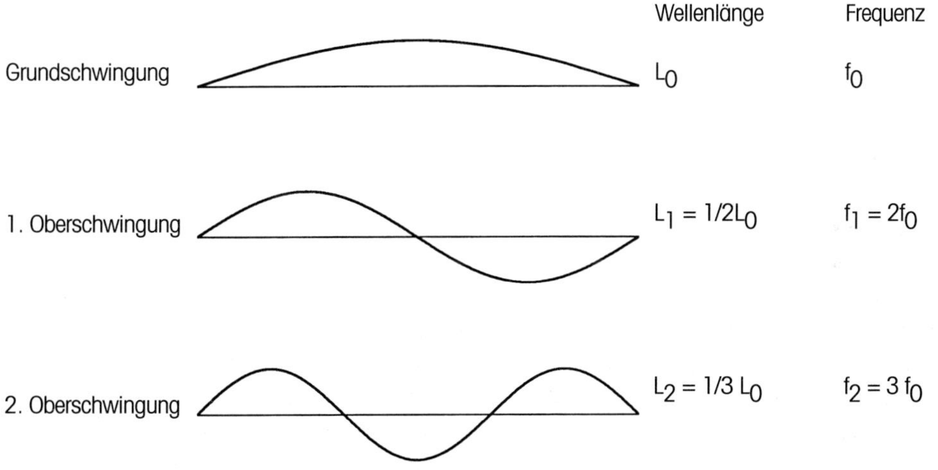

Abb. 74 Die ersten drei stehenden Wellen (Eigenresonanzen) einer beidseitig eingespannten schwingenden Saite.

Die Abb. 74 zeigt, dass diese Bedingung mehrmals erfüllt sein kann, eine schwingende Saite hat mehrere (im Prinzip unendlich viele) Resonanzen, wobei die Grundresonanz meist am stärksten ausgeprägt ist. Regt man also eine Darmsaite kontinuierlich mit Schwingungen verschiedener Frequenzen an, so werden sich im allgemeinen die erregten Schwingungen mit den reflektierten zum Großteil auslöschen, jedoch mit Ausnahme der in Abb. 74 gezeigten Fälle, wo sich die jeweils

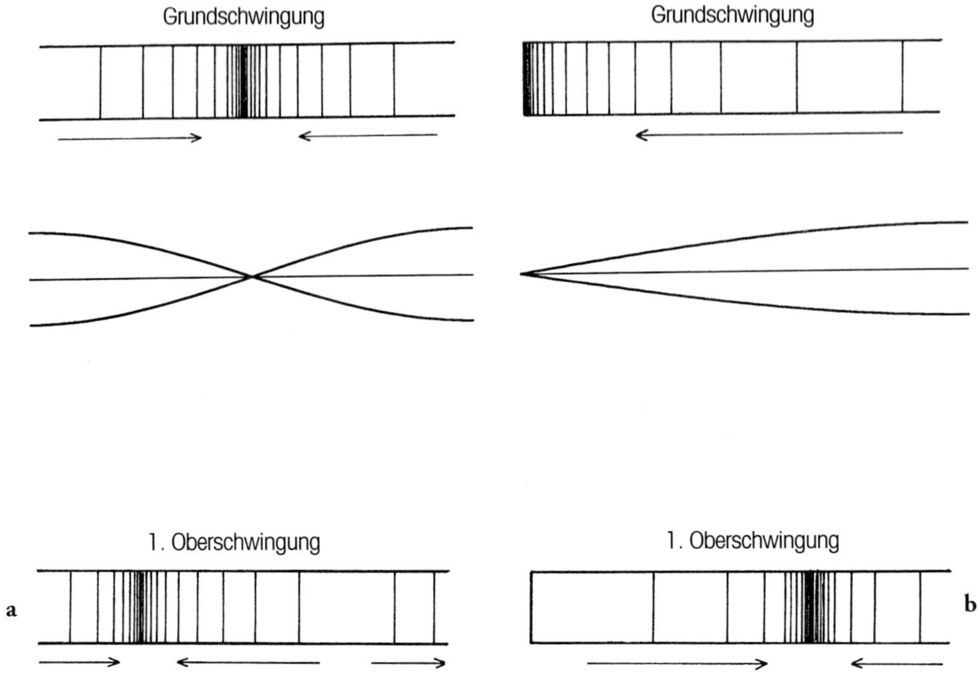

Abb 75 Stehende Druckwellen in einer **a** beidseitig bzw. **b** einseitig offenen Röhre.

reflektierten Schwingungen aufschaukeln. Genau dieselben Überlegungen gelten auch für die Schallwellen in einer *zylindrischen Röhre*, wie sie bei einer Flöte ausgeformt ist, und in erster Näherung auch im *menschlichen Mundtrakt* (s. Kap. 4). Auch hier gibt es Reflexionen am festen und freien Ende: Am festen Ende (Röhrenende geschlossen) haben die Auslenkungen der Teilchen ein Minimum, sie können nicht in die Wand hinein, jedoch kann der Druck dort maximal werden. Am freien Ende (Röhre offen) ist die Situation umgekehrt: Die Teilchen haben maximale Freiheit der Bewegung, allerdings ist die Druckänderung minimal, da sich der Innendruck sofort dem Außendruck angleicht.

In Abb. 75 sind die ersten zwei stehenden Wellen bezüglich der Druckschwankung für eine beidseitig bzw. eine einseitig offene Pfeife dargestellt. Aus der Länge der Pfeife können die Frequenzen der Resonanzen errechnet werden.

Die Darstellung in Abb. 75 a ist etwa bei einer Block- oder Querflöte realisiert, Abb. 75 b bei der menschlichen Stimmentstehung, wobei allerdings zusätzlich noch ein großer Unterschied besteht: Bei der Flöte wird beim Mundstück ein Klang erzeugt, der sehr viele Frequenzen beinhaltet. Allerdings werden davon durch den Flötenkörper nur die Grundfrequenz der Resonanz und (durch stärkeres Hineinblasen) der erste Oberton (zweite Resonanz) verstärkt: Nur diese beiden Töne können als ausgeprägte, stabile Töne vernommen werden. Einen anderen Ton kann man nur dadurch erzielen, dass man die „Länge" der Flöte ändert, indem man ein Griffloch öffnet. Der Druckausgleich mit der Außenluft findet dann bereits an

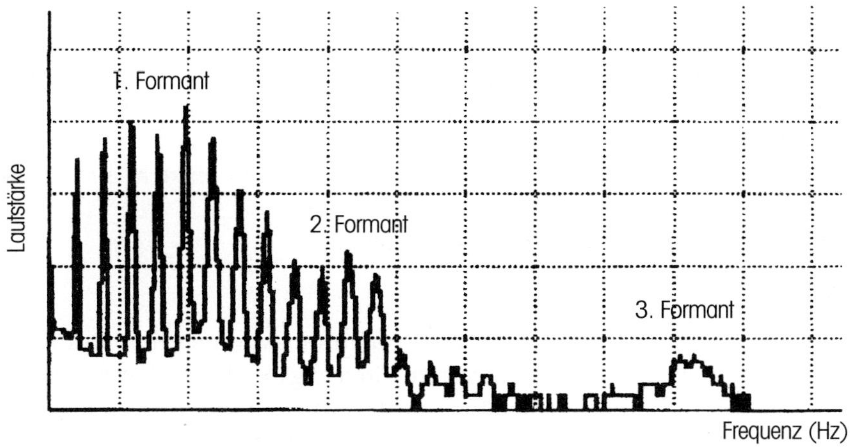

Abb 76 Frequenzspektrum eines (mit etwa 80 Hz) gesungenen Vokals „a".

dieser Stelle statt, man hat die Flöte akustisch verkürzt und kann einen höheren Ton erzeugen.

Beim Klang einer Stimme ist die Tonhöhe durch die Frequenz der Stimmlippenschwingungen bereits vorgegeben. Der durch die Stimmlippen erzeugt Klang ist sehr obertonreich, d. h. der Intensitätsabfall der Obertöne ist gering (siehe Abb. 18). Die Eigenresonanzen des Resonanzkörpers Mund- und Rachenraum bewirken in diesem Fall eine Verstärkung der Obertöne in bestimmten Frequenzbereichen, die *Formanten* genannt werden. Die Abb. 76 zeigt das Frequenzspektrum eines Stimmklangs mit Grund- und Oberschwingungen sowie den ersten drei Formanten.

9 GLOSSAR

Adamsapfel Der besonders beim Mann stärker sichtbare vordere Teil des Kehlkopfs (Schildknorpel).

Aerodynamisches Paradoxon Durch schnell strömende Luft entsteht ein (statischer) Unterdruck.

Amplitude Die größte Auslenkung einer Schwingung.

Aphonie Vollständiger Verlust der Stimme.

Apoggio s. Atemstütze.

Atemstütze (Apoggio) Das aktive Führen des Ausatmungsstromes mit dem Ziel einer möglichst gleichmäßigen und dosierten Atemabgabe. Eine gute Atemstütze ist die Voraussetzung für eine qualitativ hochwertige und leistungsfähige Stimme; sie ist vor allem in der Gesangspädagogik ein Ausbildungsziel.

Atemvolumen Die bei einem Atemzug ein- und ausgeatmete Luftmenge. Bei ruhiger Atmung wird etwa 0,5 l ausgeatmet (Atmungsruhevolumen), das maximale Atemvolumen beträgt etwa 3,5 l bis 5 l.

Broca-Bereich Im linken Frontlappen des Gehirns lokalisierter Teil des Sprachzentrums, der für die Erzeugung von Sprachlauten zuständig ist.

Diaphragma s. Zwerchfell.

Dysphonie s. Stimmstörung.

Elektronischer Kehlkopf Die von einem Tongenerator erzeugten Schwingungen werden durch Hautkontakt auf den Hals übertragen und können dann im Vokaltrakt zu Sprachlauten geformt werden.

Epiglottis s. Kehldeckel.

Formant Die Frequenz, bei der der Stimmlippenton durch den Mundraum verstärkt wird. Die Lage der Formanten bestimmt und charakterisiert einen gesprochenen Vokal.

Fourierzerlegung Aufgliederung einer komplizierten periodischen Schwingung in eine Grundschwingung (Frequenz f) und in Oberschwingungen (Frequenzen 2f, 3f,...).

Frequenz Schwingungen pro Zeiteinheit.

Frequenzspektrum Graphische Darstellung der Grund- und Oberschwingungen eines Klangs bezüglich ihrer Frequenzen und Amplituden.

Geräusch Regellose, d.h. unperiodische Schwingungsform.

Glottis s. Stimmritze.

Harmonische Schwingung Sinusschwingung; nur aus einer Grundschwingung bestehende, einfache periodische Schwingungsform.

Hertz Maßeinheit für die Frequenz. 1 Hertz (Hz) entspricht einer Schwingung pro Sekunde.

Kehldeckel Teil des Verschlussmechanismus des Kehlkopfes.

Kehlkopf Am oberen Ende der Luftröhre gelegenes Organ, das einerseits zum Schutz der unteren Luftwege gegen das Eindringen von Speise, andererseits zur Stimmbildung dient. Der Kehlkopf besteht aus einem Gerüst von Knorpeln, die durch Gelenke, Bänder und Membranen beweglich verbunden sind und durch die Kehlkopfmuskulatur bewegt werden.

Kehlkopfentzündung (-katarrh) Meist durch Viren hervorgerufene Entzündung des Kehlkopfs.

Klang Besteht aus harmonischen (Teil-)Tönen, die sich zu komplizierten, aber periodisch verlaufenden Schwingungsformen zusammensetzen.

Laryngitis s. Kehlkopfentzündung.

Laryngologie Kehlkopfheilkunde, Teilgebiet der Hals-Nasen-Ohrenheilkunde.

Larynx s. Kehlkopf.

Logopädie Methodenlehre zur Diagnostik und Behandlung von Stimm- und Sprachstörungen.

Luftröhre 10 – 12 cm langer Abschnitt der unteren Atemwege. Die Luftröhre beginnt unterhalb des Ringknorpels und endet mit der Aufzweigung in die beiden Hauptbronchien. Aufgebaut ist sie aus 16 – 20 hufeisenförmigen Knorpelspangen, welche durch Membranen verbunden sind.

Morgagni-Taschen Zwischen Stimmlippen und Taschenfalten (falschen Stimmlippen) gelegene Ausbuchtungen.

Mutation s. Stimmwechsel.

Myoelastisch-aerodynamische Theorie Erklärung der periodischen Öffnungs- und Schließungsbewegungen der Stimmlippen mit Hilfe muskelelastischer und aerodynamischer Kräfte.

Oesophagus s. Speiseröhre.

Phoniatrie Stimm- und Sprachheilkunde.

Phonochirurgie Stimmverbessernde Chirurgie.

Register Die Gesamtheit der Töne der menschlichen Stimme, die mit gleichem Klangcharakter gesungen werden können.

Resonanz Verstärkung einer Schwingung durch Übereinstimmung der Eigenfrequenz eines Körpers mit der Frequenz einer dem Körper von außen zugeführten Schwingung.

Schallwelle Schwingungen von Teilchen breiten sich durch Stöße mit anderen Teilchen aus. Die Schwingungen der Teilchen erfolgen in Ausbreitungsrichtung (Longitudinalwelle).

Schildknorpel Größter Knorpel des Kehlkopfes, bildet beim Mann den Adamsapfel (siehe dort); an seiner Innenseite sind die Stimmlippen befestigt.

Sonagraphie In der Phoniatrie bewährtes Verfahren zur spektralanalytischen Zerlegung des Stimmschalles.

Speiseröhre Etwa 25 cm langer und 1 cm weiter, mit Schleimhaut ausgekleideter Muskelschlauch zwischen Rachen und Magen.

Stehende Welle Ergebnis der Überlagerung von Wellen, wobei die Schwingungsknoten und -bäuche ortsfest bleiben.

Stellknorpel Teile des Kehlkopfes. Sie sind paarige, pyramidenförmige Knorpel, an denen die Stimmlippen befestigt sind. Sie sind mit dem Ringknorpel gelenkig verbunden und können durch die Kehlkopfmuskeln bewegt werden.

Stimmgattungen Die Unterscheidung nach Stimmgattungen erfolgt primär nach der Stimmhöhe: Bass, Bariton, Tenor, Alt, Mezzosopran und Sopran.

Stimmlippen Sie ziehen im Kehlkopfinneren von den Stellknorpeln zur Innenfläche des Schildknorpels. Durch eine spezielle Feinstruktur sind sie sehr schwingungsfähig; sie können in ihrer Stellung und Spannung durch die Kehlkopfmuskeln beeinflusst werden.

Stimmlippenknötchen Verdickungen im vorderen Teil der Stimmlippen durch Stimmüberlastung.

Stimmritze (Glottis) Engstelle zwischen den Stimmlippen. Die aus der Lunge strömende Luft kann die Stimmlippen zu Schwingungen anregen, wodurch ein Ton gebildet wird.

Stimmstörung Störung der normalen Stimmbildung, erkenntlich durch das Auftreten von Heiserkeit und/oder verminderter Belastbarkeit der Stimme.

Stimmtypen Die Einteilung nach Stimmtypen erfolgt weniger nach der Stimmhöhe als vielmehr nach der Klangfarbe, der Beweglichkeit oder der Stärke. Beispiele für Stimmtypen sind lyrischer Sopran, dramatischer Alt, Tenor buffo, Heldenbariton.

Stimmumfang Bereich zwischen tiefstem und höchstem erreichbaren Ton. Bei Normalstimmen ist der Stimmumfang etwa 2 Oktaven, bei ausgebildeten Sängern 3 Oktaven.

Stimmwechsel (Mutation) Übergang von der Kinder- zur Erwachsenenstimme während der Pubertät.

Stroboskopie Phoniatrische Untersuchungsmethode zur Sichtbarmachung der (sehr schnellen) Stimmlippenschwingungen mittels synchronisierter Lichtblitze.

Syrinx Stimmorgan der Vögel.

Timbre Das für eine individuelle menschliche Stimme charakteristische Klangspektrum.

Trachea s. Luftröhre.

Welle Sich räumlich und zeitlich ausbreitende Schwingung.

Wernicke Bereich Der im linken Seitenlappen des Gehirns lokalisierte Teil des Sprachzentrums, der hauptsächlich für die Koordination des Sprachverständnisses zuständig ist.

Zwerchfell Nach oben kuppelförmig hochgewölbte Muskelplatte, die den Brust- vom Bauchraum trennt. Die Kontraktion führt durch Abflachung der Kuppel zu einer Vergrößerung des Brustraumes und damit zur Einatmung.

10 LITERATUR

Althoff D. W. (Hrsg) (1987) **Sprechen lehren – reden lernen.** Reinhardt, München

Benjamin B. (1998) **Endolaryngeal Surgery.** Martin Dunitz Ltd.

Biesalski P., Franke F. (1994) **Phoniatrie-Pädaudiologie.** Thieme, Stuttgart

Böhme G. (1997) **Klinik der Sprach-, Sprech-, Stimm- und Schluckstörungen.** Fischer, Stuttgart Jena Lübeck Ulm

Böhme G. (1998) **Therapie der Sprach-, Sprech-, Stimm- und Schluckstörungen.** Fischer, Stuttgart Jena Lübeck Ulm

Boenninghaus H. G. (1993) **Hals- Nasen- Ohrenheilkunde.** Springer, Berlin Heidelberg

Bunch M. (1982) **Dynamics of the singing voice.** Springer, Wien New York

Bußmann H. (1990) **Lexikon der Sprachwissenschaft.** F. Deuticke, Leipzig Wien

Crelin E. S. (1989) **Journal of Voice.** 3(1):18

Denecke H. J. (1980) **Die otorhino-laryngologischen Operationen im Mund- und Halsbereich.** Springer, Berlin Heidelberg

Denes P. B., Pinson E. N. (1993) **The speech chain.** Freeman, New York

Egger J., Freidl W., Friedrich G. (1992) **Psychologie funktioneller Stimmstörungen. Orac**, Wien

Fant G. (1960) **Acoustic theory of speech production.** Mouton, The Hague

Franke U. (1998) **Logopädisches Handlexikon.** Ernst Reinhardt Verlag, München Basel

Friedrich G., Bigenzahn W., Zorowka P. (2000) **Phoniatrie-Pädaudiologie.** Hans Huber, Bern Göttingen Toronto Seattle

Gould W. J., Sataloff R. T., Spiegel J. R. (1993) **Voice Surgery.** Mosby, St. Louis Baltimore Boston Chicago London Philadelphia Sydney Toronto

Gundermann H. (1983) **Heiserkeit und Stimmschwäche.** Gustav Fischer Verlag, Stuttgart New York

Gundermann H. (1994) **Phänomen Stimme.** Ernst Reinhardt Verlag, München Basel

Habermann G. (1986) *Stimme und Sprache.* Dtv, Thieme, Stuttgart

Habermann G. (1996) *Stimme und Mensch.* Median-Verlag GmbH

Hirano M., Bless D. M. (1993) **Videostroboscopic Examination of the Larynx.** Publishing Group, San Diego

Isshiki N. (1989) **Phonosurgery.** Springer, Tokyo Heidelberg

Kersta L. G. (1962) **Nature.** 176:1253

Kittel G. (1989) **Phoniatrie und Pädaudiologie.** Deutscher Ärzteverlag, Köln

Klingholz F. (1986) **Die Akustik der gestörten Stimme.** Thieme, Stuttgart

Klingholz F. (1992) **Sprache-Stimme-Gehör.** 16:168

Klingholz F. (1993) **Journal of Voice.** 7:118

Lanz T., Wachsmuth W (1955) **Praktische Anatomie.** Bd 1/2. Springer, Berlin Göttingen Heidelberg

Lenneberg E. H. (1972) **Biologische Grundlagen der Sprache.** Suhrkamp, Frankfurt

Lieberman P. (1985) **On the origins of language.** University Press of America, Lanham

Lüderitz B. (1994) **Geschichte der Herzrhythmusstörungen.** Springer, Berlin Heidelberg New York

Mathelitsch L. (1987) **Physik und Didaktik.** 4:299

Mayer E. H., Skopec M (1985) **Zur Geschichte der Oto-Rhino-Laryngologie in Österreich.** Brandstätter, Wien

Miethe M., Hermann-Röttgen M (1993) **Wenn die Stimme nicht mehr stimmt....** Georg Thieme Verlag, Stuttgart New York

Moser P. (1960) **Folia phoniat.** 37:31

Nair G. (1999) **Voice – Tradition and Technology.** Singular Pub. Group, San Diego

Orlikoff R. F., Baken R J (1993) **Clinical Speech and Voice Measurement.** Singular Pub. Group, San Diego

Pfau W. (1973) **Klassifizierung der menschlichen Stimme.** Barth, Leipzig

Rossing T. D. (1982) **The science of sound.** Addison-Wesley, Reading

Satalof R. T. (1997) **Professional Voice.** Singular Pub. Group, San Diego London

Schutte H. K. (1980) **The efficiency of voice production.** Kemper, Groningen

Schutte H. K., Miller R (1985) **Folia phoniat.** 37:31

Seidner W., Wendler J. (1978) **Die Sängerstimme.** Heinrichshofers Verlag, Wilhelmshaven

Shadle C. E. (1983) **The Physics Teacher:** 148

Smith S. (1954) **Folia phoniat.** 6:166

Spiecker-Henke M. (1997) **Leitlinien der Stimmtherapie.** Georg Thieme Verlag, Stuttgart New York

Spornitz U. (1993) **Anatomie und Physiologie für Pflegeberufe.** Springer, Berlin Heidelberg New York

Sundberg J. (1987) **The science of the singing voice.** Northern Illinois Univ. Press, Dekalb

Sundberg J. (1988) **Die Singstimme: Die Physik der Musikinstrumente. Verständliche Forschung.** Spektrum der Wissenschaft, Heidelberg

Troup G. (1981) **Physics Reports.** 74:380

Wendler J., Seidner W., Kittel G., Eysholdt U. (1996) **Lehrbuch der Phoniatrie und Pädaudiologie.** Georg Thieme Verlag, Stuttgart New York

Wirth G. (1994) **Sprachstörungen, Sprechstörungen, Kindliche Hörstörungen.** Deutscher Ärzte Verlag, Köln

Wirth G. (1995) **Stimmstörungen.** Deutscher Ärzte Verlag, Köln

Zimmer D. E. (1986) **So kommt der Mensch zur Sprache.** Hoffmanns Verlag, Zürich

Register

Fettgedruckte Zahlen weisen auf einen Eintrag im Glossar hin.

Adamsapfel 17, **107**
aerodynamischer Effekt 22
aerodynamisches Paradoxon 19, **107**
Affe 44, 45, 50
Alt 40, 71, 73
Altersstimme 42
Alterstremolo 42
Altistin 72
Ammensprache 36, 37
Amplitude 96, **107**
Anabolika 41
Ansatzrohr 23, 33, 91
Aphonie 67, 107
Apoggio 15, 76, **107**
Atemfehler 62
Atemstütze 15, 75, 76, **107**
Atemvolumen 14, 76, **107**
Atmung 11, 13, 62, 75
Australopithecus africanus 49

Babysprache 36, 37
Bariton 40, 71, 73
Bass 40, 71, 73
Bassist 72
Bauchreden 97
Beo 52
biogenetische Grundgesetze 47
Broca'sche Bereich 30, **107**
Bronchien 13, 51
Brüllaffe 50
Brustatmung 14
Brustmuskulatur 11
Brustregister 74
Bruststimme 22, 75, 91
Bruststütze 76
Buchfink 51

Chorsingen 37, 41
Counter-Tenor 74
Cro-Magnon-Mensch 48, 49

Diaphragma **107**
Dominanzbildung 34
Dysphonie **107**

Elektronischer Kehlkopf 69, **107**
Epiglottis **107**
Esel 50
Eustach'sche Röhre 24

Falsetist 92
Falsett 74, 91
Flageolettregister 74
Flöte 94, 103
Flüsterdreieck 96
Flüstern 66
Flüsterstimme 96
Formant 24, 46, 90, 95, 104, **107**
Formantkarte 27
Formantverschiebung 81 – 83
Fourieranalyse 60
Fourier-Zerlegung 100, **107**
Frauenstimme 21, 27, 28, 74, 93
Frequenz 22, 97, **107**
Frequenzspektrum 22, 27, 28, 78, 95, 100, **107**
Frosch 49

Gaumensegel 46
Geburtsschrei 35
Gehirn 29, 33, 45, 48
Geräusch 58, 108
Geschlechtshormone 41 – 43, 64
Gestagen 64
Gleitton 77
Glissando 77
Glottis 18, **108**
Greisendiskant 43
Großhirn 13
Grundfrequenz 103
Grundton 22, 78

Hahn 51
Händigkeit 34
harmonische Schwingung 22, 78, 96, 108
Heiserkeit 37, 54, 59, 60, 65, 66
Hertz 97, **108**
Homo erectus 48, 48
Homo sapiens 5, 48
Hören 85
Hörkontrolle 40

Inhalationen 66

Jodeln 75, 91

Kammerton 21, 35
Kardinalvokale 26
Kastrat 40
Kastratengesang 92
Katzen 50
Kehldeckel **108**
Kehlkopf 6, 7, 12, 16, 33, 38, 45 – 47, 49, 55, 80, 91, 92, **108**
Kehlkopfentzündung 57, 66, **108**
Kehlkopfkatarrh 66, **108**
Kehlkopflähmung 70
Kehlkopfspiegel 8, 65
Kehlkopfstroposkopie 56, 66
Kehlkopfventrikel 18, 81
Kehlrachen 23
Kinderstimme 27, 28, 33, 40, 41, 93
Klang 19, 21, **108**
Klimakterium 43
Knabenstimme 40, 93
Kohlendioxid 13, 15
Koloratursopran 43
Konsonanten 25
Kopfregister 74
Kopfstimme 22, 75
Kuckuck 51
künstlicher Kehlkopf 70

Lallen 36
Lallperiode 36
Lärm 38, 63
Laryngitis **108**
Laryngologie 55, **108**
Laryngoskop 56, 67
Larynx **108**
Laser 68
Lautstärke 100
Lippen 6
Logopädie **108**
Luftdruck 19
Luftröhre 6, 12, 13, 47, **108**
Luftvolumen 14
Lunge 6, 7, 11, 13

Männerstimme 21, 27, 28, 74, 93

Menstruation 42
Mezzosopran 40, 71
modulierter Schrei 36
Morgagni-Tasche 18, 23, 49, 50, 81, **108**
Mundhöhle 24
Mundrachenraum 23, 24
Mundraum 12, 46
Mutation 33, 38, **108**
myoelastisch-aerodynamische Theorie 19, **108**

Nasenrachenraum 23, 46
Nasenraum 12, 23
Neandertaler 48 – 50

Oberton 22, 24, 77, 78, 90, 103, 104
Oberton 90
Obertonsingen 89
Oesophagus **108**
Öffnungston 95
organische Stimmstörung
Orgel 11, 74
Östrogen 64
Ovulationshemmer 64

Papagei 49, 52
Paukenmembran 51
Periodizitätsanalyse 58
Pfeifen 93
Pfeifregister 74
Pferd 47, 50
Phoniatrie 54, **108**
Phonochirurgie **108**
Pubertät 17, 33, 38, 40, 41, 48

Rachenraum 12, 23
Rednerschulen 6
reflektorisches Schreien 35
Register 74, 91, **108**
Registerausgleich 75
Registerbruch 75
Registerwechsel 74
Reifung 33, 38
Reifungskurve 33
Resonanz 24, 81,102, 103, **109**
Resonanzeffekt 101
Resonanzkörper 12, 46, 104
Resonanzraum 12, 94
Rind 50
Ringknorpel 17, 18
Ruheatmung 15

Säuglingsstimme 36
Schallanalyse 10
Schallgeschwindigkeit 98
Schallwelle 19, 98, 109
Schildknorpel 17, 21, 38, **109**
Schlange 46
Schreiknötchen 57, 58
Schwangerschaft 42
Schwellton 77
Schwingung 22, 96, 99
Schwingungsdauer 96
Selbstkontrolle 85
Silbo Gomero 95
Singatmung 15
Singformant 79
Sinusschwingung 22, 78
Sonagraphie 59, 69, **109**
Sopran 40, 43, 71, 73
Sopranistin 72, 80, 82
Speiseröhre 69, **109**
Speiseröhrenstimme 69
Sprache 30, 48
Sprachentwicklung 29, 34
Sprachzentrum 13, 30
Sprechatmung 15
Sprechmaschinen 8
Sprechtempo 63
stehende Welle 102, **109**
Stellknorpel 17, 18, **109**
Stimmausbildung 17
Stimmbänder 18, 21
Stimmbelastung 37, 38, 63
Stimmbruch 33, 38
Stimmeinsatz 36
Stimmgattung 40, 71 – 73, **109**
Stimmhygiene 61
Stimmlippe 12, 16, 18, 27, 38, 42, 47, 49, 50, 72, 74, **109**
Stimmlippenknötchen 57, 67, **109**
Stimmlosigkeit 67
Stimmritze 18, 23, 47, 96, **109**
Stimmstörung ,organische 55
Stimmstörung 40, 53, 54, 67, **109**
Stimmtypen 72, **109**
Stimmumfang 22, 42, 43, 73, **109**
Stimmvermännlichung 41, 64
Stimmwechsel 33, 38, **109**
Stroboskopie **109**
Strohbassregister 74
Stroposkop 57
Syrinx 51, 109

Taschenfalte 18
Taschenfaltenstimme 18
Tenor 40, 71 – 73
Testosteropn 38
Timbre 28, **110**
Tonhöhe 21, 27, 35
Trachea 13, **110**

Urschrei 35

Verschreien 37
Vibrato 83
Vögel 51
Vokale 26
Vokaltrakt 23, 27, 45, 46, 49, 90, 93

Wal 46
Weber-Fechner'sches Gesetz 101
Welle 97, 99, **110**
Wellenlänge 97
Wernick'sche Areal 31
Wernicke Bereich **110**

Zentralnervensystem 29, 33, 35, 36
Zunge 6, 24
Zwerchfell 14, 97, **110**
Zwerchfellstütze 76
Zwischenrippenmuskulatur 14